原発問題の争点

内部被曝・地震・東電

大和田幸嗣
橋本真佐男
山田耕作
渡辺悦司

緑風出版

はじめに

　福島原発事故は人類と核が共存できないことを明確に示した。平和利用の名の下に広島・長崎の悲劇を超える被曝をもたらし、被爆国日本でその悲劇を繰り返してしまったことを私たちは深く反省しなければならない。
　原子力発電を用いてエネルギーを生産することの是非は学際的・総合的に考察されなければならないと私たちは考える。本書では放射線被曝と地震を自然科学の観点から考察し、主に政治的・社会的・倫理的観点から科学者の責任を問い、マルクス主義経済学によって原発を分析し、これらの総合的視点から、原発によるエネルギーの生産は永久に放棄すべきであることを結論する。
　第1の論点は放射線被曝の危険性であり、その被害の実態である（第一章）。核を推進する人たちは核の被害者に対して被曝をやむをえないものとして強要してきた。今日の福島事故に対してこれまでよりもいっそう過酷な被曝が強制されている。国際放射線防護委員会（ICRP）などの「国際的な科学者」の権威の下に、明らかな被曝とその被害が隠蔽されている。
　私たちは四半世紀を経たチェルノブイリ事故の悲劇の実態とそれを科学的に分析したゴメリ医科大学の実態報告に基づいて「長寿命放射性元素取り込み症候群」と命名された健康被害の存在を紹介する。これを参考にすると、福島事故によって汚染された空気や水、食品から取り込んだ放射性物質による内部被曝によって様々な病気がすでに引き起こされていても不思議ではない。我々は内部被曝の恐ろしさを伝えたい。なお内部被曝は、広島・長崎の原爆被爆でも隠蔽されてきた。
　今回の福島原発事故が如何に多くの胎児・子どもや老人、大人を内部被曝によって傷つけたかが推測される。これは無意識の殺人にも等しい行為である。原発の危険性は被曝の被害が隠蔽された殺人となることである。

分子生物学の視点に立ち、放射線が生体におよぼす破壊的作用のメカニズムを細胞レベルから巨視的レベルまで総合的に考察し、生物に対する放射線被曝の脅威について統一的な理解を深めたい。更に農薬、電磁波、放射線の複合汚染についても警告したい。

　食品の放射能汚染の基準についても議論する。国際放射線防護委員会（ICRP）などは体内の放射能量（ベクレル数）を実効線量当量係数を用いてシーベルトに換算し内部被曝の危険性の指標としている。これが結果として、危険性を過小評価することになる。その理由は被曝の局所性を無視した不合理な解析を用いているためである。

　これに対して上記のゴメリ医科大学の研究によれば、体重1kg当たりの放射性セシウムの量（ベクレル数）によって危険度が判断される。体重1kg当たり20から40ベクレルで危険領域に入るが、それは毎日20ベクレル程度のセシウムを取り込むことで蓄積される。政府はこの程度の放射能量をシーベルトに直すと0.01ミリシーベルト程度であり、健康被害はなく安全であり無視できるとしている（シーベルト安全神話）。しかし正しい手法、即ち、体内のベクレル数と疾病の関係を直接比較することによって内部被曝の危険性を明らかにできる。このようにして「シーベルト安全神話」を打破することは、被曝の危険性の真実を暴く上で極めて重要であると考える．

　今日、福島事故によって、安全神話が破綻して以来、原発を推進する勢力ですら事故の可能性は容認せざるを得なくなっている。しかし、彼らは今なお、放射線被曝の被害を過小評価し、被害を表の世界から暗闇に消し去ろうとしている。このことは自らの罪を隠し、被害者を見捨て、自分は一切犯罪を犯していないと居直ることである。このような科学者の役割を白日の下に曝し、原発を支える構造の一角の実像を明らかにしたいと考える（第三章）。

　第2の論点は地震国日本における原発事故の危険性である。観測された地震動の振動解析から科学的根拠のある耐震設計が不可能であることを示す（第二章）。近年日本で実測された多様な地震動のデータ（KiK-net）とそれを解析するソフト（waveana）は共にネット上で公開されている。解析結果から得られた多様な応答スペクトルを見ると、耐震設計が依拠している地震動とその応答に対する法則性が成り立たない場合が多々あり、地震はそれぞれに個性的であることが示される。それ故、私たちは地震に対処する有効で安

全な設計基準と評価方法をもたないのである。

　第3に経済的利害から原発に群がり、不当な利益を得ている人たちの政治的・経済的な力によって原発が維持されていることを示す（第四章）。中心的な科学者の多数もまた同じである（第三章）。こうした推進勢力の基礎を全面的に批判することによって、原発は人類に悲劇のみをもたらす危険なものであり、人類と共存できないものであることを示すことができると考える（第四章）。そして、このような推進体制を打破する方向を示すことが本書の目的である。

　以上に加えて現在当面している個々の課題について第五章で議論する。例えば、現在政府マスコミが喧伝している「がれき処理」と「除染し帰還させる」政策である。我々はこの誤った政策が被曝を日本全土に拡散させ、帰還者に更なる被曝を強要するものであることを明らかにする（第五章）。

　最後に福島原発事故の被害を最小にするために被曝を避ける避難とその公的保証を要求するなどの運動の正当性を「被曝の科学」から示し支援することを目指す。

　以上が出版の目的であり、主旨である。少しでも反原発運動の発展に役立てば幸いである。出版にあたり多くの方々から直接及び書物を通じて貴重な内容と共に不屈の闘志をも学ばせていただいた。心よりお礼を申し上げる。

著者一同

目次 原発問題の争点
――内部被曝・地震・東電――

はじめに・3

第一章　内部被曝の危険性
――チェルノブイリの教訓からフクシマを考える――
大和田幸嗣
15

はじめに・16

1節　チェルノブイリ原発事故による内部被曝の医学生物学的研究
　　　セシウム137の体内蓄積量と相関するがん以外の疾病について・19
　1-1　広範な組織への不均一なセシウム137の蓄積と病態の明確な関係・19
　1-2　心電図異常と心疾患はセシウム137体内蓄積量と相関する・21
　1-3　セシウム137の体内蓄積量とともに増加する血圧異常・22
　1-4　セシウム137の体内蓄積量とともに増加する白内障・23

2節　新食品基準値では放射性セシウム137の内部被曝から子どもの健康は守れない・27

3節　シーベルト神話・29
　3-1　シーベルトでは内部被曝による健康被害を予測できない・29
　3-2　汚染食品の飲食によるセシウムの体内蓄積・30
　3-3　生物学的半減期に支配される蓄積量　食品摂取量、臓器重量を考慮した臓器重量当たりのベクレル数について・31
　3-4　体内蓄積量を表す式・33
　3-5　セシウム137の生物学的半減期・33

4節　現在進行形のチェルノブイリの内部被曝・34
　4-1　自給自足のナーシクさん・34

- 4-2　帰還したデイードバさん・35
- 4-3　心疾患とがんの増加・35
- 4-4　セシウムの豚の臓器への蓄積・35
- 4-5　長期低線量被曝によるミトコンドリア傷害・36
- 4-6　チェルノブイリ膀胱炎はセシウム137の体内蓄積量と相関する・38
- 4-7　チェルノブイリ事故の子ども達の脳への影響・41
- 4-8　先天性欠陥・奇形児の激増と遺伝的影響・42
- 4-9　チェルノブイリ事故の動物への影響・43
- 4-10　植物への影響・44

5節　福島原発事故による日本での内部被曝の進行・44
- 5-1　子どもの尿からセシウムを検出・44
- 5-2　甲状腺の異常・44
- 5-3　母乳からセシウムやヨウ素を検出・45
- 5-4　子どもたちにみられるさまざまな症状・47
- 5-5　2011年秋以降、日本でも報じられつつあるセシウムの体内蓄積・48
- 5-6　生態系での内部被曝の拡大――食物連鎖から生物濃縮・54

6節　低線量被曝の分子基盤：ペトカウ効果とバイスタンダー効果・57
- 6-1　ペトカウ効果・57
- 6-2　バイスタンダー効果・59

7節　複合汚染：低線量放射線と他の健康被害環境因子との相乗効果・61
- 7-1　化学合成された農薬は基本的に毒である。・62
- 7-2　送電線からの超低周波電磁波は子どもの白血病や脳腫瘍を増加させる・66
- 7-3　携帯電話と基地局鉄塔による健康被害・68

おわりに・70

【参考文献】・75

第二章　地震と原発
――地震動の観測結果と地震動予測――
橋本真佐男

　序　論・80

1 節　単純ではない観測データ・82
　(1) 余震（M6.1）が本震（M6.8）より強力・82
　(2) 遠くの余震（M 6.5）が近くの本震（M 6.8）より強力・83
　(3) 遠くの地震の方が強力（例1）・84
　(4) 遠くの地震の方が強力（例2）・84
　(5) 同規模で同距離でも地震動に大差（例1）・84
　(6) 同規模で同距離でも地震動に大差（例2）・85

2 節　観測データと耐専スペクトルの比較・87
　(1) 柏崎刈羽原発と志賀原発の観測データ・87
　(2) 新潟県中越地震の観測例・89
　(3) 岩手宮城内陸地震　本震 M7.2――一関西地下観測点のデータ・89
　(4) 岩手宮城内陸地震　余震 M5.7――一関西地下観測点のデータ・90
　(5) 能登半島地震本震 M 6.9　柳田地下観測点のデータ・92
　(6) 三重地震本震 M 5.4　芸濃地下観測点のデータ・93
　(7) 東北地方太平洋沖地震　M 9.0　3・11 の地震・93

3 節　原発耐震設計審査指針における地震動の鉛直／水平比・95
　(1) 敦賀、湯之谷、志津川の観測データ・95
　(2) 岩手・宮城内陸地震・96
　(3) 能登半島地震のとき志賀原発で観測された応答スペクトル・97
　(4) 能登半島地震　柳田地下観測点のデータ・98

4 節　まとめ・98

観測地震動とNoda法による地震動予測は大きくずれる・98
　謝辞・99

解　説　応答スペクトル・100
　1　機器の固有周期・100
　2　波の性質・102
　3　速度応答スペクトルのモデル・103
　4　普通の目盛りのグラフと対数目盛りのグラフ・104
　5　加速度応答スペクトル・104
　6　速度応答スペクトルと加速度応答スペクトルの観測例・106
付録　耐専スペクトル・107

第三章　原発に対する科学者の責任
――核エネルギーの安全な利用はありえない――

山田耕作

109

1節　はじめに・110

2節　福島事故と物理学者の責任・111
　会員の声　「福島原発震災に対する物理学者の責任は重い」・111
　　1　はじめに・111
　　2　物理学者の責任・112
　　3　被曝の容認を強制して原子力を推進・113
　　4　終わりに・114

3節　「物理学者から見た原子力利用とエネルギー問題」に参加して・115
　　1　はじめに・115
　　2　放射線被曝の影響・115

3　柴田氏の報告の問題点・116

4節　低線量被曝ワーキンググループ報告批判・118
   4-1　「放射性物質による内部被ばくについて」批判・119
   4-2　「低線量被ばくのリスク管理に関するワーキンググループ報告書」批判・128
   【参考文献】・141

5節　社会における科学者と原発・141
   【参考文献】・145

第四章　マルクス主義経済学からの原発批判
―― 電力の懲罰的・没収的国有化と民主的統制を ――
渡辺悦司
147

1節　事故評価の根本問題――原発の本質的危険性・148

2節　原発事故としての福島事故の問題点・155

3節　チェルノブイリ事故との比較、およそ2分の1の放出量、事故の内容としては福島の方がより深刻・159

4節　原発推進勢力の全体像――中核部分だけでGDPの約1割を支配・167

5節　民主党政府の事故対応と事故反復を前提とする原発推進政策・174

6節　原発推進をめぐる支配層の内部矛盾・184

7節　原発をめぐる客観的状況の変化・187

8節　原発推進・被曝強要政策の背後にある衝動力・195

9節　客観的に求められている要求——懲罰的国有化と民主的統制・199

10節　脱原発要求がもつ自然発生的な反帝・反独占的性格・203

第五章　原発廃棄のために

1　本書全体のまとめ・210

2　二重の欺瞞性——がれきの広域処理と除染による帰郷・212
　2-1　がれき広域処理・212
　2-2　除染による帰還・214

3　おわりに・216

付録

I　放射性物質で汚染されたがれき処理の意義と問題点
　　——「第2のフクシマ」を起こさないために——　　山田耕作・220

II　チェルノブイリ原発事故25年の健康被害の実態から学ぶ
　　——長期低線量内部被曝の脅威——　　大和田幸嗣・223

第一章 内部被曝の危険性

――チェルノブイリの教訓からフクシマを考える――

大和田幸嗣

はじめに

二つ言葉がある。
1)　骨にがんができ、血液が白血病にかかり、肺がんになった子どもや孫の数は、統計学的には自然発生の健康障害と比べて少ないかもしれない。しかし、これは自然に起こる健康障害ではなく、統計学の問題でもない。たった1人の子どもの生命の喪失であっても、また我々の死後に生まれるたった1人の子どもの先天性異常であっても、我々全員が憂慮すべき問題だ。我々の子どもや孫たちは、我々が無関心でいられる単なる統計学的な数字ではない。

2)　世界の国際放射線防護基準は、広島・長崎の被爆者12万人を約60年間、長期に追跡して出されたものです。被曝線量がきちんと同定されて死亡の原因が全部わかっている。これだけの母集団から確率論として導き出されたのが、発がんのリスクが高まるのは100ミリシーベルトか200ミリシーベルトという結論なんです。これ以下であれば疫学的に証明できないということで、グレーゾーンなんです。ですから安全の線引きが重要になってきます。で、平時の一般の人の年間の被曝線量は1ミリシーベルトなので、それを公衆の1年間の被曝限度としているのです。しかし、非常事態では20ミリシーベルトの線量としたわけです。これはいまは障害は起こらないけれども、将来はわからないと考えたからです。だからあえて僕は「大丈夫」と言うわけです。

前者は、1963年の米英ソ3国による大気圏内核実験禁止条約の批准を速やかに行なうよう米国議会に求めたときのケネディ大統領の演説の一節である[1]。後者は、前長崎大学大学院教授でチェルノブイリ原発事故後の国際医療協力を主導し「放射線による影響はない」との報告書をまとめたメンバーの1人で、現在は福島県立医科大学副学長で福島県民健康管理調査検討委員会最高責任者の山下俊一氏による、2011年6月に鎌田實諏訪中央病院名誉院長との対談での発言である[2]。「わからない」から「大丈夫」とは論理の飛躍で

あり、健康被害を回避する立場の予防原則[注1]からは逆の結論が導き出される。山下俊一氏は、感受性が成人の3〜10倍高い乳児・子どもたちのことを忘れているか完全に無視している。

ケネディ大統領を動かし感動的な演説を引き出したのは、大統領に手紙を書いた母親たちの存在に加えセントルイス乳歯調査を行なった研究者の実証的データとそれを可能にした乳歯を提供し支えたボランティアとの共同作業があった。大気圏内核実験終了により、米国では環境と身体の放射能レベルが急速に減少していった。1963〜1964年のピーク時から1960年代末までには約50％にまで低下した。0〜4歳の子どもの骨のストロンチウム90（半減期28.7年）のカルシウム1g当たり平均値は、1964年から1971年まで4.25から2.01ピコキュリーに減少した〔ピコキュリーは1キュリーの10^{-12}、1キュリー（Ci）は$3.7×10^{10}$ベクレル（Bq）〕。9都市のミルク1ℓ当たりのストロンチウム90の平均値（ピコキュリー）は24から6に減少した。このように1960年代後半に放射能レベルが減少したのに伴い、アメリカの子どもたちの病気発生率、死亡率、5歳前小児がんの症例数（コネティカット州）、2,500g低出生体重児と死産の比率も同様に激減した[3]。

2011年3月11日の原発震災から6日後にフクシマの放射能がアメリカに到着した。米政府の調査の結果から、沈殿物、空気、水、ミルクのサンプルの放射能汚染レベルは通常の100倍に達した。米保健省による全米の25〜35％に相当する122都市の年齢ごとの週間死亡者数報告では、放射能到着前の14週間の増加率（2010〜2011年）は2.34％、到着後の14週間の増加率は4.46％と1.9倍に増加していた。その内の乳幼児の死亡増加率は1.8％だった[4]。また、ハワイやグアムではストロンチウム90やプルトニウム239レベルがこれまでより20倍高い値が観測された。日本では、事故発生から6カ月後の2011年9月30日に福島県100カ所の原発から100kmにもおよぶ広範な地域でストロンチウム90とプルトニウム239の汚染が確認された（文科省ホ

[注1]　予防原則とは、ある行為が人間の健康あるいは環境への脅威を引き起こす恐れのある時には、たとえ原因と結果の因果関係が科学的に十分に立証されていなくても、予防的措置が取られなくてはならない（世界2012年2月号　p.86参照）と言う考え方である。

ームページにストロンチウム 90 とプルトニウム 239 の汚染地図が掲載された）。

　もうすでに1年をすぎた日本の現状を見てみよう。福島第一原発1〜3号機はメルトダウンしメルトスルーの可能性も高く、原子炉から大気や地下へ放射能が漏れ続けている。使用済み核燃料プールの建屋が水素爆発した4号機では、核燃料はむき出しで大気に放射能が放出されっぱなしの状態にある。それ故、福島原発事故で放出された放射能はチェルノブイリと同等かそれ以上であり、加えて福島原発周囲には人口も多く食料供給地が近いことから、日本での病気の罹患率や死亡率が高くなるものと海外の専門家は評価している[4]。野田首相の「冷温停止状態」という専門用語としても意味をなさない語を日本の大手マスコミは無批判に流しているが世界では通用しない。莫大な税金を使って汚染を拡散させる除染を行ない、「20〜100ミリシーベルト安全神話」を御用学者やマスコミを総動員し福島県民や国民を洗脳して子どもや住民を帰還させようとする政府の方針は、人命を犠牲にして経済的・政治的利益を優先させる非倫理的、非人道的暴挙であると国内外から批判されている。御用学者の20〜100ミリシーベルト安全神話の詳細な批判を第三章で山田が行なう。

　原爆も原発も1字の違いだけで、中身は同じ、原子核の崩壊により中性子と核分裂生成物、死の灰（様々な放射性物質が含まれる）が生みだされる。これらによる生体の曝露（被曝）のされ方に体外からと体内からとがあり、それぞれ外部被曝（external radiation exposure）と内部被曝（internal radiation exposure）と呼ばれている。本来的にこの2つは明確に区分されるものではなく不可分の関係にある。原爆のような高線量で短時間の被曝では外部被曝が主体となり急性健康被害が引き起こされる。低線量で長期間という条件下では、吸入や飲食物により取り込まれた放射性物質が細胞や組織を損傷し健康被害を引き起こす内部被曝が特に重要である。このことは、100年に及ぶ放射線被曝の歴史から明らかである。しかし、支配層側は内部被曝の危険性を無視し隠してきたし、福島原発事故後もまた隠蔽し続けようとしている。これらの意味で、内部被曝の問題は現在特に重要な課題となってきている。このような事情に鑑み、この章では主に内部被曝に焦点を当てる。

　初めに、26年前のチェルノブイリ原発事故によりひき起こされ現在も続いている放射能の内部被曝による健康被害、特にウクライナとベラルーシ共

和国のがん以外の健康被害の実態から教訓を学ぶ（1節）。次にこの教訓を基に、2012年4月から政府が実施した半減期が30年のセシウム137の新しい食品安全基準値以下の食品を日常的に摂取しても、今の子ども達や新たに生まれてくる未来の子ども達に将来健康被害が起こらないかを検証する（2節）。

1節　チェルノブイリ原発事故による内部被曝の医学生物学的研究
セシウム137の体内蓄積量と相関するがん以外の疾病について

これまでの内部被曝研究は、身体が浴びた外部被曝線量〔シーベルト（Sv）〕から内部被曝線量を恣意的に推測し〔3節シーベルト神話を参照〕、白血病や固形がんと遺伝的疾患についての報告が主で、それ以外の様々な疾患を無視し続けて来た。特に、外部被曝線量を特定できない低線量による長期被曝に関しては無力だったので様々な疾病を否定し続けて来た。

体内に取り込まれた長期残留の放射性物質が個々の臓器や生体全体に与える影響は全く無視されてきた。体内に取り込まれたセシウム137がどれだけ体内に蓄積したらどのような症状が現われてくるのか。個々の臓器の蓄積量と相関関係があるのか。その結果を動物実験などで再現できるか。世界で初めてこの難問に直接答え、各臓器に取り込まれたセシウム137量と疾病との関係を解析し論考したのがバンダジェフスキー[注2]の報告[5]である。その一部を紹介しながら福島事故でもたらされる危険性について考えてみたい。

1-1　広範な組織への不均一なセシウム137の蓄積と病態の明確な関係

ベラルーシ南部ゴメリ州では被曝の60〜70%はセシウム137が原因である。内部被曝で取り込まれたセシウム137の体内での蓄積量は、性別、年齢、

[注2]　バンダジェフスキー博士は、セシウム137体内蓄積量と疾病との関係を定量的に明らかにし、低線量内部被曝の危険性を説いたためにベラルーシ当局により逮捕投獄された（1999年から2006年まで）。

図1 1997年に死亡した大人と子どもの臓器でのセシウム137の蓄積量

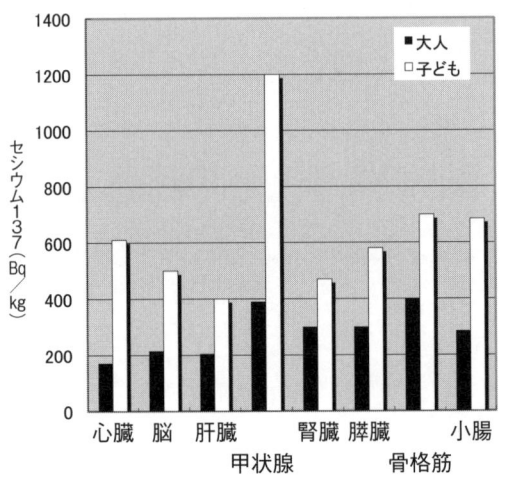

表1 死亡した子どもの内分泌系へのセシウム137の高蓄積

器官名	Bq/kg
甲状腺	2054
副腎	1576
膵臓	1539
胸腺	930
骨格筋	902
小腸	880
大腸	758
腎臓	645
脾臓	608
心臓	478
肺臓	429
脳	385
肝臓	347

生理的状態に加え各臓器の病態や疾患や病変の質によっても変わる。男性は女性より、子どもは大人より高い。血液型がRh+の人はRh-の人より1.5倍高い。

子どもから大人まで様々な病気で死亡した患者を病理解剖しセシウム137を測定した(図1)。これまでの定説ではセシウム137は主に筋肉に蓄積されやすいとのことだったが、それとは異なり、様々な臓器に不均一に蓄積し、子どもは大人より2～3倍高いことが明らかとなった。

驚くべきことに、細胞増殖がほとんど起こらない心臓や脳にもセシウム137の蓄積がみられた。更に各臓器での蓄積量と病態との間に明確な関連性があることが判明した。すなわち、心血管系で死亡した患者の心筋の蓄積量は、消化器系疾患死亡患者より確実に高かった。感染症死亡患者の胃、肝臓、小腸の蓄積量は心血管系の患者よりはるかに高かった。

1997年までに亡くなった10歳までの子ども52人の13の臓器のセシウム137の量を測定した。内分泌器官(甲状腺、副

腎、膵臓、胸腺）への蓄積が高く（表1）、その毒性の与える影響は、脳下垂体－甲状腺系の機能の乱れによる甲状腺がんの形成、膵臓損傷による小児糖尿病の誘発に加え、免疫調節系（胸腺、脾臓、小腸）の乱れの疾患と関連し、体の全体的統一性が障害を受け、複数臓器の

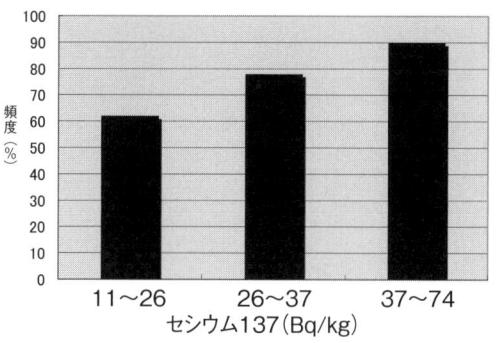

図2 ゴメリ地区の子ども（3～7歳）の心電図異常頻度とセシウム137の体内蓄積量との相関関係

疾病を伴う症候群をおこしていた可能性が示唆された。実際、被曝した子ども達には急性呼吸器疾患、ウイルス性肝炎、結核（特に汚染地区では症例が激増）などの感染症疾患が増加し、それは免疫系の損傷によると思われる。

1-2 心電図異常と心疾患はセシウム137体内蓄積量と相関する

汚染地域に住む子どもたち（3～7歳）の心電図の異常は、kg当たりのセシウム137体内蓄積量[注3]が18Bqのとき約60%、50Bqになると約90%になる。心電図の異常の頻度と体内蓄積量が比例することが明らかになった（図2）。

また、ゴメリ医大の18～20歳の学生でセシウム137の平均濃度が約26Bq/kgの場合、明白な心電図異常の割合は48.7%だった。このことは、心臓の成長が完了しても心筋へのセシウム137の蓄積が起こっていることを示している。心電図に変化が認められない子ども（いわば正常な子ども）の割合は

[注3] 生きている人の体内に取り込まれたセシウム137の量（体内蓄積量）はホールボディカウンター（WBC）で測定できる。体内の放射性物質のうちガンマー（γ）線を出すものだけを体外から測定する装置で、セシウム137/134、ヨウ素131を測定できるが、β線やα線は測定できないので内部被曝量の一部しか測定できない。セシウム137はβ崩壊して生じるバリウム137mからガンマー線を出す。セシウム137のβ線とγ線の比率は実測によると5対2である。従って、セシウム137総量の約3割しかWBCで計測されない。

図3 心電図異常を示さない子どもの数とセシウム137体内蓄積量の逆比例関係

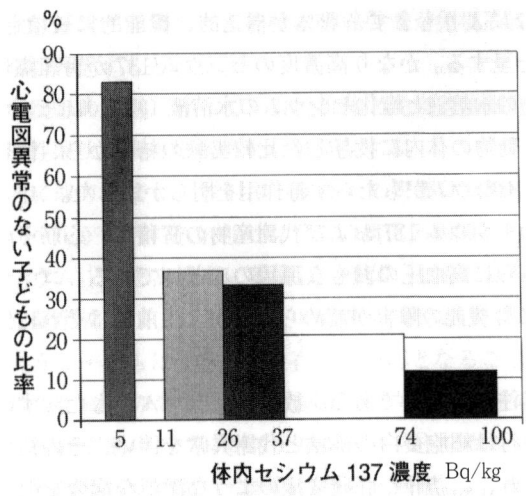

体内蓄積量の増加とともに明らかに減少していて、子どもの生活の質が落ちることを意味している（図3）。

詳細な解析から、おもな心電図異常は心筋内伝導障害に起因するもの、心筋のミトコンドリアでの酸化的燐酸化反応の混乱や心房内伝導系の自律機能障害によるものであった。

ゴメリ州の突然死した99%は心筋異常で、心筋の綿密な病理検査により、損傷した心筋細胞は壊死や変性形態をとり散在し、明確な生体反応を伴わないことを特徴とすることから、セシウム137が原因と思われた。不整脈を伴う進行性の心不全から突然死に至る。慢性心疾患で死亡した患者の心筋内セシウム137蓄積量は約136Bq/kgであった。

ラットにセシウム137を経口投与した動物実験により心筋異常の分子基盤を明らかにした。体内蓄積量が40〜60Bq/kgで、①心室筋細胞のA帯の拡大による収縮機構の病変、②過酸化物によるミトコンドリアの膜破壊による肥大と過形成、③持続的筋緊張による酸素欠乏と必要エネルギー獲得系の低下（血清中のクレアチンキナーゼの上昇）など心筋細胞の深刻な病変が証明された。蓄積量が900〜1,000Bq/kgになると動物の40%以上が死亡した。

1-3　セシウム137の体内蓄積量とともに増加する血圧異常

心血管系の異常は血圧の変化となって現われる。ゴメリ州の学童（7〜17歳）の血圧はセシウム137の体内蓄積量に関係している（図4）。

図4[10]の左から グループ1、2、3の蓄積量は、それぞれ5Bq/kg、〜38Bq/kg、〜120Bq/kgである。蓄積量が多いほど正常血圧の割合が低くなり、逆に高血圧の割合が高くなっている。小児高血圧の割合が〜120Bq/kgで50%である。15Ci/km²（555kBq/m²）以上の

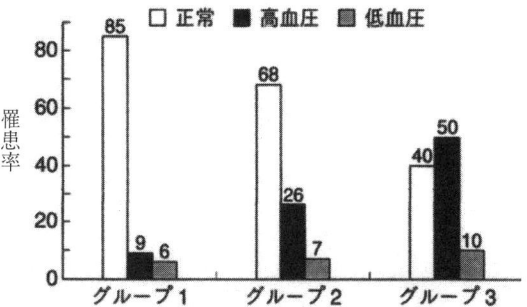

図4　ベトカ地区で高血圧症を示す子どもの数とセシウム137の体内蓄積量との相関関係

グループ1、2、3の蓄積量は、それぞれ5、〜38、〜120Bq/kg

汚染地区に住む子どもの41.6%に高血圧症状が見られた。外部被曝も影響しているようだ。

低線量のセシウム137は脂質の過酸化を促進し（後述のペトカウ効果）、動脈血管内壁への脂質の蓄積の結果からアテローム性動脈硬化が進展し高血圧を引き起こす可能性が考えられる。

1-4　セシウム137の体内蓄積量とともに増加する白内障

視覚器官は造血系とともに外部被曝にも内部被曝にも非常に敏感な器官である。1996年、高い汚染地区（15〜40Ci/km²）に住む子どもの90%以上に視覚器官に何らかの異常が認められた。子どものセシウム137体内蓄積量は平均89〜128Bq/kgだった。最も多かった視覚障害には白内障、硝子体損傷、眼筋無力症、屈折異常だった。老人に多いと言われる白内障であるが、子どもの白内障の罹患率は、体内セシウム137量と明確な正比例関係があることがわかった（図5）。21〜50Bq/kgでは100人中15人の子どもが白内障に罹っていることになる。動物実験で、セシウム137が角膜の発育を阻害したり、繊維が消失し血管新生が起こることがわかっている。

日本でも眼科医による検診が不可欠である。

図5 ベトカ地区で白内障を示す子どもの数とセシウム137の体内蓄積量との相関関係

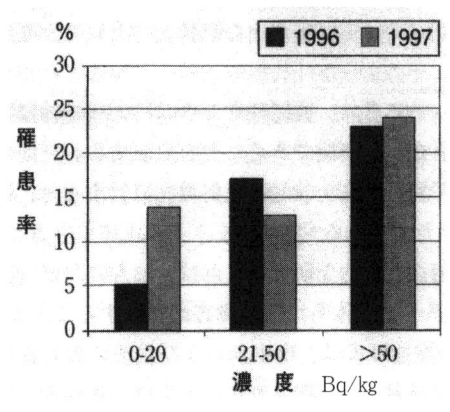

造血系においても、内部被曝と外部被曝の程度に依存して変化することが明らかとなったことは、セシウム137量に応じ赤血球、桿状核球、白血球の減少、リンパ球の相対的増大、血小板の絶対数の減少である。これらの細胞は骨髄の造血性幹細胞から造られるが、高度汚染地区から避難した子どもに造血性幹細胞の回復が見られたことは注目に値する。

　体内に取り込まれたセシウム137の80%を排出する腎臓、代謝の要である肝臓、免疫に関与する造血系、身体の恒常性の維持に欠かせない脳神経系と内分泌系、女性と胎児へのセシウム137の影響に関しての動物実験を踏まえた貴重な報告については割愛した。

　以上紹介した例からもわかる様に、長寿命のセシウム137が低線量でも長期間体内に存在すれば、子どもたちの様々な臓器や系に好ましくない病的変化を引き起こすことが明らかとなった。バンダジェフスキーが提唱した「長寿命放射線元素の体内取り込み症候群」は、セシウム137により多様な病態や疾患が誘導されるということである。

　ウクライナの幼い子どもに慢性疾患が確認され、同時に複数の病気に罹る傾向があり、相対的に治療しても治りにくく、再発傾向を持っているとの報告[7]は、症候群が起こっていることを物語っている。

　2012年3月18日東京日仏会館で放射線防御プロジェクト（木下黄太）主催の「Bandazhevsky博士の医師向けセミナー」に参加した。タイトルは「チェルノブイリ原発事故放射能汚染によるベラルーシ国内のがん以外の健康被害」である。そこで示された重要と思われる新事実について紹介する（Yury Bandazhevsky, Japan Lecture Tour BOOK1, 2）。

　(1) ベラルーシ共和国の汚染地区には、現在、26万人の子どもを含む140

万人が住み、主な健康被害は、セシウム137とストロンチウム90（内部被曝の70～80%を占める）が汚染食品により体内に入ることである。この放射線被曝により過去20年間にわたりベラルーシ共和国の死亡率は2倍に増加した。死亡率が出生率を上回り国の存亡が問題となっている。

(2) この20年間、甲状腺がんを含むがんの発症が増え続けているが、2008年の共和国住民の死因の1位は心血管疾患（52.7%）で2位の悪性腫瘍（13.8%）の約4倍である。甲状腺がんは転移性が早く、3カ月で大きくなるので注意が必要である。

(3) 発達が盛んな子どもの体がセシウム137を取り込むと、10 Bq/kg以上の場合、心筋の代謝異常障害や電気生理学的障害（心電図異常）を引き起こし、心拍数異常及び不整脈（伝導系や刺激系の不整脈）をもたらす。不整脈の発症率はセシウム137の体内蓄積量と明確な相関関係がある。心筋梗塞から心臓発作による突然死が増えている。子どもが体育の時間に突然死する例が増えている。心電図異常の女子学生が卒業前に突然死した例もある。

(4) ペクチン摂取でセシウムの体内蓄積量が半分に減少すると心電図異常が改善することがある。全てではない。体内レベルを下げるのにペクチン摂取ではなく、クリーンな食物摂取で下げるべきである。ペクチン摂取でセシウムを体外に排出する時に生体に重要な要素も排出され臓器への悪影響も出て来ており、医師の指導の下で慎重に処置されるべきである。市販のペクチンを栄養サプリメント的に安易に使用してはならない。

(5) 突然死した患者の病理解剖とセシウム137の測定結果と併せて、放射性セシウムが原因の心筋損傷は、心臓全体ではなく一部に散在していることが多い。従って、心臓の放射性セシウムレベルを計り、臓器全体の病理組織観察をすることを勧める。臓器の一部の切片だけからの観察では、原因を見落とす可能性が高い。

(6) 放射線によると思われる子どもの白内障は回復が難しい。博士が観察した白内障の子どもは全て亡くなっている。眼科医による目の検査による健康管理が極めて重要である。

(7) 腎臓は取り込まれたセシウム137の約80%を排出する臓器であり、こ

の損傷は糸球体の壊死、断裂、空胞形成などの特異的病理変化を伴う。急性で進行が早い。空胞内死細胞に高いセシウム 137 が検出されることがある。高頻度かつ早期に悪性高血圧症を併発することがあり、更に心疾患や脳疾患を誘発することもある。バイオプシー（生検）検査、尿タンパクの測定などでの腎組織構造や機能検査を行なうべきである。

(8) 心筋と同様に細胞増殖がほとんど起こらない脳神経系はセシウム 137 に感受性の高い組織である。神経症を発症した人を放射能恐怖症によるストレスとして片付けるのではなく、CT による検査や神経ホルモン等の測定により脳組織の損傷を、生化学者の協力を得て総合科学的に検討すべきである。

(9) セシウム 137 による代謝系の損傷によるカルシウムのアンバランス、血小板の減少や損傷、血管内の凝固系の損傷などにより網細管血管系は出血しやすい状態にある。

　セミナー参加者から、「福島の住民は現在1日 4Bq のセシウム 137 を摂取していると報道されている。私は危険なレベルだと思うが、政府はシーベルトに変換して安全と言っている。シーベルト変換することをどう思いますか」との質問に対するバンダジェフスキー博士の答は、心筋においては 10Bq/kg のセシウムレベルでも代謝障害などが見られる。内部被曝はベクレルで考えるべきだ。シーベルトは意味がない。

　更に、セシウム 137 とストロンチウム 90 などの長寿命放射性物質の体内蓄積量が低下しても、低線量であっても新たに体内に取り込まれると、疾患が顕在化したり促進されたりするので危険であると警告した。

　以上報告した様に、バンダジェフスキーが世界で初めて、体内に蓄積したセシウム 137 の量と疾患との関係を明らかにした。その病理組織像、疾患がどれくらいの期間で現われるか、動物実験での再現と確認された報告から学ぶと、汚染地区に帰郷することは自殺行為に等しいということである。原発事故が収束せず放射能を放出し続けていて、更なる事故が起こる可能性のある現実においては、健康被害を起こす内部被曝はいっそう危険である。1日も早く避難し、新天地へ移住することこそ、現在と未来の子どもを救う道である。

結論は、長期間に及ぶセシウム137の体内蓄積量（内部被曝量）が20Bq/kgであれば要注意、50Bq/kg以上であれば致命的な、後戻りできない何らかの病状を引き起こす可能性がある。
　次に、バンダジェフスキーの報告結果を基に、2012年4月から実施された食品基準の安全性と問題点を検討する。

2節　新食品基準値では放射性セシウム137の内部被曝から子どもの健康は守れない

　たくさんの子どもたち、お母さん方が被曝した。今も被曝を強要されている。母乳、尿、ホールボディカウンター（WBC）による全身検査等から、内部被曝は現在、福島県に留まらず250km離れた東京を含めた広域に広がっていることがわかる（後に詳しく述べる）。チェルノブイリの経験では、汚染された飲食物による内部被曝が子どもの健康被害を大きくしたが、きれいな飲食物を取れば被害を抑えることができる。
　政府、厚労省は2012年4月1日からこれまで暫定基準値に代わる放射性セシウムの新しい基準値を施行した。ウクライナ、ベラルーシ、日本の3カ国の基準値を比較してみた（表2）。放射性物質が1秒間に放出する放射線量をベクレル（Bq）といい、食物1キログラム（kg）当たりであり、水は1リットル（ℓ）を1kgとする。日本の新基準値では毎日1.5〜2ℓ飲む飲料水は、10Bqと昨年度の200Bqから20分の1になりベラルーシと同レベルになった。ウクライナとベラルーシは食品ごとにきめ細かく基準を定めているのに対して、日本の暫定基準値は2011年制定にも関わらず200、500と2段階しかなく、今回、一般食料品は100Bqに下げたものの、国際法による原発からの排水基準の90Bq/ℓよりまだ高く、原発からの排水と同じレベルのものを食べろといっているようなものだ。常食の米のレベルは当分500Bqと高く据え置くというがウクライナとベラルーシの主食のジャガイモの6〜8倍高い。市場（流通）に混乱が起きないようにとの理由から米・大豆・牛肉も500Bq

表2 飲食物中の放射性セシウムに対する基準値の3国間比較（単位：Bq/kg）

食品名	ベラルーシ (1999)	ウクライナ (1997)	日本 (2011)	日本 (2012.4)	我々の提案
飲料水	10	2	200	10[1]	1
牛乳・乳製品	100	100	200	50[2]	1
豚・鶏肉	180	200	500	100	5
牛・羊肉	500	200			
魚類	-	150			
根菜・野菜	100	40			
じゃがいも	80	60			
果物	40	70			
きのこ	370	500			
卵	-	6/個			
パン	-	500			
米・大豆・肉	-	-	500	500[3]	5
乳児食品	37	40	500	50	1

1) 飲料用茶が含まれる。
2) 乳製品は除外される。
3) 暫定基準値の期間は、米・牛は2012年9月30日、大豆は12月31日まで。

に据え置いたと言っている。国民の健康よりも経済的・政治的配慮を優先させる政府であることを物語っている。牛乳と乳児食品も50Bqと2カ国より高い。日本の輸入品の規制値が370Bq/kgと高すぎる。幼児・子どもは放射線感受性が大人より3～10倍、内部被曝では100～1,000倍高いと言われている。「一般食品」の基準値、100Bq/kgは換算計数を考慮した全ての年齢の限度値のうち最も厳しい値から基準値を決定したと自慢しているが、上述したバンダジェフスキーの報告とを考えあわせると、新基準ですら甘すぎて内部被曝から大人も子どもも様々な病気にかかる可能性が高い。ウクライナ政府は「チェルノブイリ事故の影響の70～80％は内部被曝である」とし、事故の11年後の1997年に基準を厳格化したが、以後も飲食からの内部被曝は続いている[5-7]。

この新基準は意識的な市民の運動の一定の成果である。本来、存在しない人工放射性物質はゼロであるべきだ。しかし、不十分なこの新基準でも政府

が具体的施策を行なえば、内部被曝を押さえる一定の成果を挙げることができる。生産地と主立った食品卸売り市場に簡易放射性測定器と技師を配置し、市町村で消費者が自主的に使える簡易放射性測定器の設置の義務化と税制上での免税措置をとり、使用食料品へのセシウム137量の表示を義務化する法律を制定（罰則規定を含む）するなどの措置が必要である。これまで政府が取ってきた様に、基準値は作ったが政治的・経済的理由により放置し続ければ、内部被曝はいっそう拡大していく。セシウム137（半減期、約30年）に加え原発事故で放出された半減期の長い他の核種のストロンチウム90（半減期、約28年）やプルトニウム239（半減期、約2.4万年）は含まれていないので内部被曝量は更に高くなる。

　上述したことに加えて、子どもの体内にセシウム137の濃度が10Bq/kgで代謝障害や心電図異常等の変化が見られ、50Bq/kg以上蓄積すると致命的な心疾患を引き起こすというユーリー・バンダジェフスキーの研究成果（1節）から、セシウム137の我々の基準を提案する（表2）。

3節　シーベルト神話

3-1　シーベルトでは内部被曝による健康被害を予測できない

　ここで注目すべきは、体内蓄積量が20から40Bq/kg程度で心電図異常、高血圧、白内障等の症状が現われているという点である。例えば6歳児の体重は約20kgであるから、体内に400から800Bqのセシウム137が蓄積していることになる。この量のセシウム137による被曝量は、国際放射線防護委員会（ICRP）流にいえば0.01ミリシーベルト（mSv）程度であり「安全な量」なのである。それでも実際には健康被害が現われているから、実効線量等量（その単位がシーベルト）[注4]による判断は極めて一面的と言わざるを得ない。

[注4]　シーベルト（Sv）：ベクレル（Bq）が放射能（放射線を出す能力）の量を表わす単位で、1秒間に核崩壊が起こる回数を表わすのに対して、シーベルトは身体に及ぼす放射線の影響量を表わす単位である。「外部被曝あるいは内部被曝した場合に、これ

ICRPが考案したシーベルトでは内部被曝を直接に測定できないので、内部被曝線量は外部被曝線量に一定の係数（核種、臓器等で異なる）を掛けて計算するため、低線量内部被曝による健康被害を予測することは不可能である。

3-2　汚染食品の飲食によるセシウムの体内蓄積

飲食によって体内に入ったセシウム137は1から9歳児の場合約40日でその半分が体外に排出されるとされている（食品安全委員会のデータ）。この生物学的半減期（40日）を用いると、子どもが毎日1Bqずつ摂取し続けると200日目には体内に約60Bq(1Bq/日×200=200Bqの約1/3)のセシウムが蓄積することになる（図6）。これは6歳児（体重20kg）の場合には約3Bq/kgに相当するから、この子が毎日20Bqずつ摂取すれば60Bq/kgが蓄積し、上で紹介したような健康被害が現われてくる可能性がある。

ベラルーシ・ナロジチ地区中央病院から「チェルノブイリ救援中部」への報告では、児童の呼吸器系疾患の人口当たり発生率が1998年の11.6%から2008年の60.4%へと5倍に増加している（朝日新聞連載記事「プロメテウスの罠」、12月13日）。報道を見る限りセシウム137の体内蓄積量は分からないがバンダジェフスキーの報告の場合と同程度と思われる。

竹野内氏は、子どもが1日10Bq摂取し続

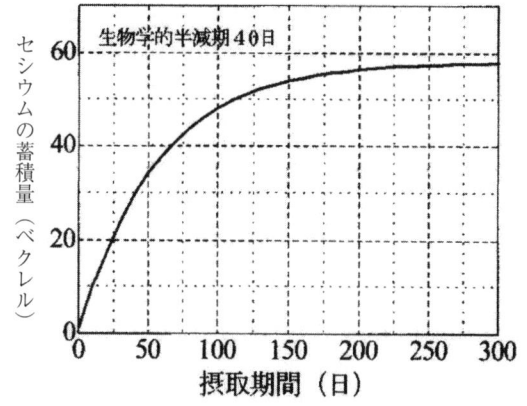

図6　セシウム137を1日1ベクレル毎日摂取による体内蓄積量の経時的推移

くらいの影響が出るだろう」と推計されて出てくる値である。Bqの値を18万で割ると1時間当たりのマイクロシーベルト（μSv/時）になる換算式が慣用されている。μSv/時の値を3倍すると年間のミリシーベルト（mSv）になる換算式が慣用されている［文献11のp2, p10を参照］。単位のμSvはmSvの1,000分の1、mSvはSvの1,000分の1に当たる。

けると600日で20Bq/kgになり、低線量でも長期蓄積は健康被害を起こす可能性があると警告している〔(文献3)の訳者あとがき〕。

3-3 生物学的半減期に支配される蓄積量 食品摂取量、臓器重量を考慮した臓器重量当たりのベクレル数について

バンダジェフスキーの報告によれば、臓器1kg当たりのセシウム137の蓄積量は子どもの場合、大人の2ないし3倍になっている。一般に子どもの生物学的半減期は大人のものより短いから、両者が毎日同一ベクレル数摂取したとすれば大人の蓄積量の総量は子どもより多い。大人の飲食物摂取量が子どもより多ければこの傾向は更に強まると考えられる。従って上記のバンダジェフスキーの報告と生物学的半減期からの体内蓄積量の推定は一見矛盾するように見える。しかし甲状腺について、次のように考えれば矛盾はない。

(1) 子どもと大人が毎日1Bqずつ長期間摂取したとし、セシウムの生物学的半減期を子ども40日、大人70日と仮定すると、1年後蓄積量は子ども60Bq、大人100Bqである（図7）。
(2) 大人は子どもの1.5倍同一の食物を摂取すると仮定する。この場合、1年後蓄積量は子ども60Bqに対して大人150Bqとなる。即ち、大人の蓄積量は子どもの蓄積量の相対的に約2.5倍である。
(3) 甲状腺に蓄積する量は体全体の蓄積量に比例すると仮定す

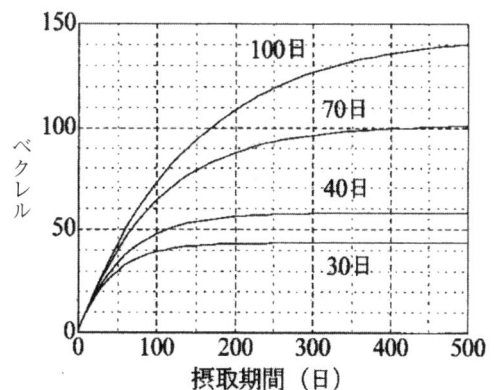

図7 セシウム137を1日1ベクレル毎日摂取による体内蓄積量と生物学的半減期との相関関係

表3　セシウム137を1日1ベクレル摂取した時の甲状腺蓄積量の年齢別比較

年齢	重量（g）	相対的蓄積量（Bq）	臓器の蓄積量（Bq/kg）	子ども/成人
0歳児	2.1	1	480	5.3
1～2	2.53	1	400	4.4
4～6	5.24	1	240	2.7
10～12	8.69	1	120	1.3
14～16	14.5	1	70	0.8
成人	27	2.5	90	—

表4　セシウム137の生物学半減期の年齢別比較

年齢	～1歳	～9歳	～30歳	～50歳
生物学的半減期	9日	38日	70日	90日

れば（この仮定の当否は後で検討する）、もし子どもの甲状腺に1Bq蓄積すれば、大人には2.5Bq蓄積する。

(4) 表3は、子どもと大人の甲状腺の重量（g）、子どもと大人の相対的蓄積量（Bq）、臓器1kg当たりの蓄積量（Bq/kg）を年齢別にまとめたものである。

最後の欄（子ども/成人）に見られるように、6歳以下では、子どもの甲状腺には大人の2.7～5.3倍のセシウムが蓄積することになる。このことはバンダジェフスキーの報告と一致している。

バンダジェフスキー報告における「子ども」の定義や検査集団に含まれる人の年齢構成など不明な点もあるが、臓器1kg当たりの体内蓄積量と生物学的半減期に支配される体内蓄積量の総量が、一見矛盾するように見えるのは、主として臓器重量の年齢依存性による効果である。

またこの表では、生物学的半減期を子ども40日、大人70日と設定したが、生物学的半減期は年齢に伴って連続的に変化する（表4参照）。従って、表3では10から16歳の相対的蓄積量の値を1としたが、1から2.5の間の数値が現実に近く、10から16歳の場合には子ども/成人比が表の値より大きくなると思われる。

子どもの甲状腺の方が大人よりセシウム137を蓄積しやすいとすれば上記の矛盾は更に解消する。肝臓、腎臓などの臓器についてもほぼ同様の結果になる。

3-4　体内蓄積量を表わす式

体内に取り込んだセシウムは生物学的半減期に従って体から排泄されるが、長期に摂取し続ければ体内に蓄積する。この蓄積量は次の式で表わされる。

半減期をH日とし、毎日1単位ずつ取り込むとする。取り込んだ1単位はK日目には、次のようになる

$2^{(-K/H)} = U^K$、但し $U = 2^{(-1/H)}$

故に、N日目の総量 A（N）は

$A(N) = 1 + U + U^2 + U^3 + \cdots U^N = [1 - U^{(N+1)}] / (1 - U)$

例：H=10のときU=0.933
故に

$A(0) = 1$、$A(10) = 7.97$、$A(30) = 13.19$、$A(60) = 14.72$、$A(100) = 14.92$、$A(\infty) = 14.93$

3-5　セシウム137の生物学的半減期

実質的半減期（T）、物理的半減期（Tp）、生物学的半減期（Tb）の関係は、$1/T = 1/Tp + 1/Tb$ なのでセシウム137の場合、数年の範囲ではTとTbはほぼ等しい。

かなり幅のあるTbの数値が報告されている。ICRPの数値は大人の場合約110日である（週刊金曜日、2011.10.14）。

実質的半減期は109日との記述もある（高木仁三郎、渡辺美紀子著『食卓に上がった放射能』、バベンコ p.17 より引用）。

食品安全委員会のセシウム137の生物学的半減期は表4のようになっている。

4節　現在進行形のチェルノブイリの内部被曝

"内部被曝に迫る"—チェルノブイリからの報告—は、2010年からウクライナと共同研究を始めている放射線衛生学者・木村真三氏（独協医大）が、事故後25年経った2011年、ナロジチ地区での内部被曝による健康被害の実態を明らかにしようとしたものである。福島原発事故で起きてしまった内部被曝、今後も続く内部被曝に、今後どう対処していくかを考える上で極めて有益であると考えたので紹介したい（次の4-1〜4-5参照）。

事故原発から70kmのウクライナのナロジチ地区では、住民の8割以上は強制移住の対象とはならなかった。1万人が住む町の地上1メートルの空間線量は0.1μSv/時と低い線量である。

地区の第2ゾーンは、強制移住が義務づけられたものの、ソ連崩壊により多くの人が取り残された地区で内部被曝の危険性があった。第2ゾーン地区の畑、牧草地、森の地表10cmの土壌の放射線量はキログラム当たり、それぞれ517、673、939 Bqだった。

4-1　自給自足のナーシクさん

この地区で自給自足をするエミール・ナーシク（32歳）さん夫妻、5歳と2歳の娘、の内部被曝量をホールボディカウンターで測定した。放射能量（Bq/body）は順番に、夫58,000、妻24,000、5歳児7,000、2歳児は安全なレベルだった。エミールさんは許容量の3倍、夫人のアナスターシャさんは2年前の3倍、5歳の子どもは、子どもの許容量を下回ったが決して安全とは言えない量だった。汚染放射性物質を除くために煮汁は捨てるなど食事には気をつけてはいるものの、経済的理由から自給自足を避けられず内部被曝は進んでいる。日常食べているキノコを測定したら11.6万Bq/kgと通常の40倍あった。エミールさんは5年前から心臓に"チクチク"する異常を感じている。

4-2　帰還したデイードバさん

　スベトラーナ・デイードバさん（41歳女性）は、16歳の時にこの地区から非汚染地区に移住、21歳の時に戻って来た。11年後（32歳ごろ）から激しい動悸と焼けるような痛みの心疾患に悩まされている。最近、身体に紫斑も現われた。1年前から疲れやすくなり身体が動かない事もある。「ぶらぶら病」のような症状を示した。ホールボディカウンターで測定したところ1,980 Bq/bodyのセシウムが検出された。医師は許容量を超えていないので今のところ大丈夫でしょうと言った。彼女の体重を60 kgとすると、1 kg当たりのセシウム137は33Bqである。上述したゴメリ医科大の学生のデータによると心電図異常の可能性が出てくる。このことは非汚染地区から低汚染地区に戻り10年も暮らすと健康被害が出てくる可能性を示唆する。

4-3　心疾患とがんの増加

　上述した人以外にも原発事故以降、心疾患を訴える人が増えていることが聞き取り調査でわかった。木村さんは詳しく調べるために、ナロジチ地区中央病院に60年前から保存されている1万人のカルテを日本に送り分析した。心疾患の人の割合が事故後6倍に増加していることが分かった。地区住民の3人に1人に上っている。がんの発症率も大きく増加していた。この疫学調査結果は、放射性セシウムによる長期間の内部被曝ががんに加えて心疾患を引き起こすことを初めて明らかにした。そのメカニズムは今後の課題ではあるが、体内に取り込まれたセシウム137は本当に心臓に集積するだろうかと木村さんは考えた。

4-4　セシウムの豚の臓器への蓄積

　この問題を明らかにする為に、木村さんは地元で豚を飼っている人の協力をえて、飼い主と同じ食物（ジャガイモと小麦）で飼育されている生後8カ月の豚の臓器のセシウム137の値を測定した。豚は臓器やその配列が人とよく

似ているので人のよいモデルとして多方面の医学研究に使われている。セシウム137の蓄積が高い臓器の順番は腎臓（21.29 Bq/kg）＞心臓（16.52）＞胃（15.00）＞甲状腺（13.46）＞大腸（11.46）＞肝臓（11.19）だった。驚くべきことに、心臓は、腎臓に次ぐ2番目に高い臓器だった。データ蓄積が必要なことは勿論だが、この結果は、内部被曝による疾患で見落とされていた臓器をクローズアップしている。

バンダジェフスキーのラットを使った実験でも、心臓と腎臓の蓄積が最も高い[5]。

4-5　長期低線量被曝によるミトコンドリア傷害

「長期低線量被曝による児童のミトコンドリア障害」というタイトルの論文（ロシア語）を、ナロジチ地区にあるウクライナの放射線医学研究センターのエフゲーニア・ステパノワ教授が2011年発表した。汚染地区の子どもたちは非汚染地区の子どもたちより白血球が少なく、慢性疲労や免疫力の低下もみられた。心疾患を伴うことに注目して、子どもの血液から白血球を採取し細胞学的解析を行なった。その結果、白血球の細胞のミトコンドリアに多くの異変が起きていることを見いだした。破壊されているミトコンドリアや異形ミトコンドリアが多数見られた。

ミトコンドリアは電子伝達系（呼吸鎖）が担う酸化的燐酸化により細胞のエネルギーをほとんど供給する場であると同時にアポトーシスという計画的細胞死を調節する重要な細胞内器官である。ミトコンドリアの機能不全は細胞のエネルギー代謝や生存に異常をきたす。教授は、ミトコンドリアの機能障害だけで50%以上の子ども達に起こっている3つ以上の慢性疾患（慢性疲労や免疫力の低下など）を説明できるとは思わないが、重要な要因の一つと考えている（文献7, 私信）。

ミトコンドリアは細胞当たり数百から1000個あり、独自の環状DNAを内包し自己複製する。母親のミトコンドリアDNA（mtDNA）が子どもに伝達される。mtDNAに損傷があり修復されなければそのまま子へ伝達され、ミトコンドリア病の原因となることもある。電離放射線などで細胞内に生じたフリーラジカルや活性酸素（ROS）がミトコンドリアの膜やmtDNAを傷つ

け、その機能に影響をあたえる可能性が高い[12]。核DNAと違いmtDNAはヒストン蛋白質で保護されておらずROSで酸化されやすく修復能も低い。その変異率は核DNAの10～16倍と高い。呼吸鎖蛋白質をコードする遺伝子の変異は、さらなるROSの発生を促し、エネルギー供給が不足し細胞損傷が促進され、損傷が近傍細胞に拡

図8 生物学的半減期の違いはセシウム137を1日1ベクレル毎日長期摂取による体内蓄積量へ影響する

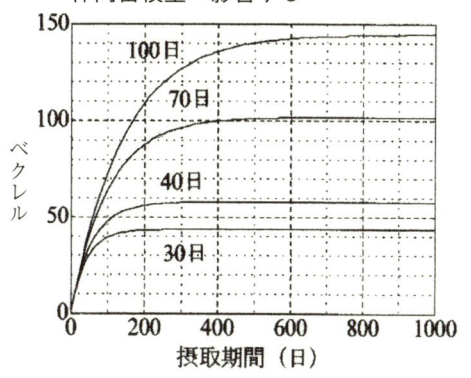

図9 ペトカウ効果：放射線により細胞内に生じた活性酸素（ROS）及び活性窒素（RNS）の作用場と標的分子を示す

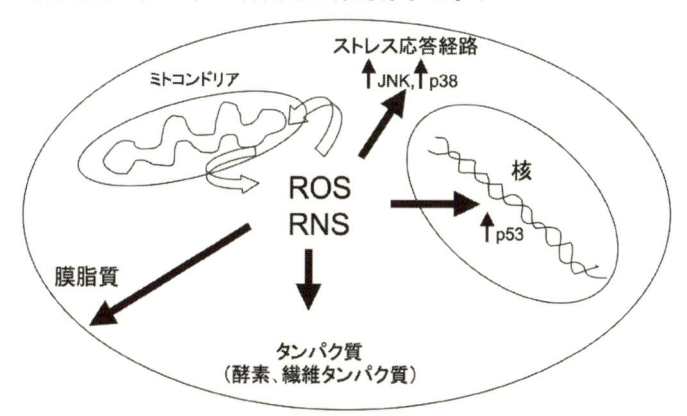

　主な作用場として脂質二重相から成る細胞膜、細胞内小器官のミトコンドリアと核をあげた。ROSによる膜脂質の酸化は、連鎖反応により新たなROSが作られる。ミトコンドリアのROS損傷はROSの産生を亢進する。核染色体DNAのROS酸化により遺伝子発現に大きな変化が起こる。遺伝子変異が誘導される場合もある。細胞質にあるシグナル蛋白質であるJNKとp38がROSで活性化され標的蛋白質を燐酸化し酸化ストレスシグナルを伝える。核ではがん抑制蛋白質p53が燐酸化により転写活性を増大させ応答遺伝子の転写を促進する。ROSはまた代謝酵素やアクチンなどの構造蛋白質を酸化させ、細胞生理に大きな影響を及ぼす。 RNSでも同様の機序が考えられる。

図10　バイスタンダー効果の模式図

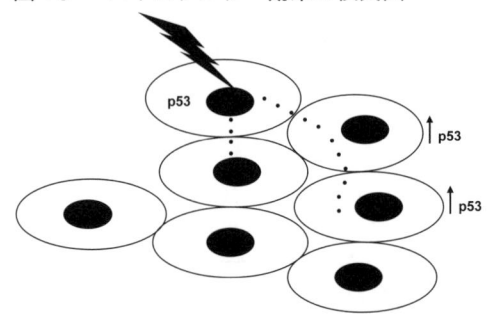

放射線曝露細胞から周りの非曝露細胞に同様な放射線の影響が伝達される。黒丸は伝達分子を表わす。

大していく〔ペトカウ効果とバイスタンダー効果（図8〜10参照）。p.57〜p.61〕。

　細胞学的見地からミトコンドリア障害と"ぶらぶら病"とを結びつけることも可能で、ぶらぶら病の原因を明らかにする研究が行なわれることを期待したい。

　ヒロシマで被爆した肥田舜太郎医師が、原爆爆発後に市内に入市し内部被曝した人々を数カ月から数年後、十数年後に現われた症状に「ぶらぶら病」と命名した。その症状は、簡単な一般的検診では異常が発見されず、体力や抵抗力が弱くて「疲れ易い」「身体がだるい」「根気がない」ことから継続して働けない。僅かのストレスで病気に罹り易く、罹ると重症化する。いくつかの内臓系慢性疾患を合併した症候群と考えられる[16]。

　長期低線量被曝による内部被曝によって引き起こされる疾病のメカニズムを明らかにするには、時間と費用と忍耐と、様々な分野の研究者の共同作業が不可欠である。疫学的、医学・生理学的、細胞学的、分子生物学的、免疫学的、脳神経学的、遺伝学的見地から総合的な判断が必要である。外部被曝の基準、シーベルト神話から内部被曝を推量して単純に安全性を議論する事は慎むべきである。

4-6　チェルノブイリ膀胱炎はセシウム137の体内蓄積量と相関する

　チェルノブイリ原発事故から15年目の2001年、ウクライナの強制避難とならなかった地区では、10万人当たりの膀胱がんが43.3人と1986年の26.2人と比較して65％増加していた[13]。そこで日露共同研究チームは、低線量のセシウム137の長期被曝と膀胱がんとの関係を検討するために、15年以上、比較的高い線量（5〜30 Ci/k㎡）、中間的線量（0.5〜5 Ci/k㎡）区域に住ん

でいる住民で良性膀胱炎肥大を起こした592人の患者（1994〜2006）の手術の際に一部切除される膀胱尿路上皮（以下、膀胱上皮）の病理組織検査を行なった。その結果、セシウム汚染両地区の住民の膀胱上皮に"チェルノブイリ膀胱炎"と名付けた特異的膀胱炎から膀胱がんに移行することを発見した[14]。

チェルノブイリ膀胱炎は、低線量のセシウム137の長期被曝により誘導された増殖性を有し非典型な慢性膀胱炎である。その特徴は、膀胱上皮に前がん状態の形態異常細胞（異型細胞）とがん（上皮がん）とが同居し、それを支える結合組織は硬化症を示し、加えて盛んな血管新生が認められる。この特性は、細菌感染等で起こる通常の慢性膀胱炎では観察されず、低線量被曝に特徴的である。患者の尿に検出されたセシウムレベル（Cs137）は数ベクレルと低いものの膀胱がんの頻度と相関した。また、土壌汚染度とも相関した。しかし、この膀胱炎は非汚染地区の膀胱炎には見られなかった[14]。表5から喫煙もチェルノブイリ膀胱炎の増加を説明できない。

表5　チェルノブイリ膀胱炎の患者特性とセシウム137の蓄積量

汚染地区 (kBq/㎡)*	患者数	喫煙率 (%)	異型細胞 (%)	上皮がん (%)	尿中のCs137 (Bq/ℓ)	尿検査の 患者数
185〜1,110*	73	30.1	97	64	6.47 ± 14.30**	55
18.5〜185*	58	58.6	83	59	1.23 ± 1.01**	53
非汚染	33	33.3	27	0	0.29 ± 0.03	12

* 土地汚染レベル表示Ci/㎢をkBq/㎡に変更した。5〜30 Ci/㎢、0.5〜5 Ci/㎢はそれぞれ、185〜1,110 kBq/㎡、18.5〜185 kBq/㎡に対応する。** 非汚染地に対してP<0.001。

人の誕生以来、人の体内に均一に存在する自然放射性カリウム40の量は、4,000〜6,000Bqといわれている。非汚染地区、汚染地区の区別なく、患者のカリウム40のレベルは同一と考えられる。上の表5で示した様に、低レベルのセシウム137がチェルノブイリ膀胱炎に最も強く関与していると結論できる。

更に、炎症、細胞周期制御、DNA損傷修復に関与する指標蛋白質の免疫組織学的、分子生物学的解析を行ない、彼等は、低線量セシウム137による膀胱炎からがん化のプロセスを次の様に描いている（文献14の図4を参考にまとめた）。

第1段階：低線量セシウム137の長期被曝は、まず、膀胱上皮とその支持

組織からなる微小環境に慢性的に炎症を引き起こす。
第2段階：低線量セシウム137は、次に、慢性炎症からチェルノブイリ膀胱炎へ誘導する。
第3段階：最終的に、低線量セシウム137は前がん状態のチェルノブイリ膀胱炎からがん化へと促進する。

強調したいことは、上記3段階の各段階に、低線量セシウム137が恒常的に関わっていることから、微小環境は同一ではなく絶えず変化の過程にあるものととらえることである。

低線量セシウム137が微小環境の細胞内に引き起こす初期の分子変化について述べる[13]。放射線により水分子がイオン化され活性酸素や活性窒素が生じる。活性酸素のフリーラジカルは細胞の膜の脂質に作用し過酸化脂質を生成し、膜の透過性を変化させ、最終的に細胞に様々な損傷を与える。損傷により細胞間相互作用に変化が起きたり、細胞の内容物が外へ漏れたりすると炎症が惹起される。炎症の指標蛋白質 Cox2 がチェルノブイリ膀胱炎組織で亢進していることが免疫組織染色で確認されている。フリーラジカルは、また、蛋白質や DNA 分子を酸化しその機能に影響を与え細胞の生理作用を変化させる。

活性窒素の NO は細胞毒性が高く、恒常的産生は細胞へのダメージが大きい。NO 合成酵素のうちの誘導型（iNOS）の高発現と NO による DNA のデオキシグアノシンの酸化型（8-OHdG）の生成がチェルノブイリ膀胱炎とがん組織で免疫組織学的に示された。8-OHdG は DNA 修復の効率を低下させ、がん抑制遺伝子 p53 の変異を誘導する。初期チェルノブイリ膀胱炎のバイオプシーの 50% に p53 の特異的部位での変異（G:C → A:T の塩基転移）が検出された。この変異により p53 蛋白質の正常機能が失われる[14, 15]。

p53 の機能喪失は細胞にとって深刻である。p53 はゲノム DNA の門番としてゲノムの損傷の監視システムを統括している。ゲノムに損傷が起きたら細胞周期を停止させ損傷を除去修復させる。もし損傷が甚大で修復が不能の場合は、細胞に死を誘導し処理することにより、異常細胞が残らないようにする。p53 の機能喪失により異常な細胞が生き残り増殖し、がん細胞発生の可能性を増幅させる。

細胞増殖シグナル経路の p38MAP の活性化と NF-κB（p50/p65）の細胞

質と細胞核での増加がチェルノブイリ膀胱炎の免疫組織学的検討により検出された[14]。シグナル分子のNF-κBは転写因子として炎症、細胞増殖、血管新生に関与する。このことから、低レベルセシウム137による活性酸素等の酸化ストレスが、増殖性の形成異常や膀胱炎の誘導に関与していることが強く示唆される。

チェルノブイリ膀胱炎は低線量のセシウム137による長期内部被曝により誘導され、最終的に膀胱がんに発展する。この内部被曝の分子機構は、恒常的な活性酸素・窒素の生成がイニシエーターとして働き、上述したような多様な分子経路を活性化するものと考えられる。活性酸素の生成は、低線量放射線で長時間さらされる方が生物への影響がより大きいという後述のペトカウ効果の機構[1, 16, 17, 18]の根幹をなしている。

4-7 チェルノブイリ事故の子ども達の脳への影響[8, 19]

ウクライナ医学アカデミー放射線医学研究センター・精神神経学部門のロガノフスキー氏等の15年に及ぶ研究について紹介する。

11～13歳までの被曝した子ども達100人と被曝していない子ども達50人とを比較した。被曝したグループの知能指数の平均は107、被曝していないグループのそれは116と9ポイントの知能差があった。これは都会と地方の教育格差のせいではなかった。言語能力、分析能力の低下が見られた。脳波にも差が見られた。胎内での被曝体験が神経疾患を引き起こしたり、認知能力の低下をもたらしたと指摘する。また、胎児での被曝は統合失調症を増加させる。

チェルノブイリ事故の被害を受けたノルウェーでも、胎内被曝した成人グループの言語記憶力は被曝していないグループに比べて低いとオスロ大学の研究者は指摘している。

スウェーデンでの研究によれば、56万人の児童を対象に調査したところ、妊娠8から25週齢だった児童にIQおよび学力低下が見られた。尚、スウェーデンの低レベルセシウム137汚染地区では濃度に比例し悪性腫瘍が増加した[20]。

66年前の原爆による被害でも、胎内被曝した胎児1473人のうち62人が小頭症だった。そのうち半分以上が重い精神遅滞を伴っていたとされている。妊娠25週齢までに被曝した胎児は、学習能力やIQの低下が見られたという

(高木学校医療被曝問題研究グループ)。胎盤のセシウム 137 の濃度が 100 Bq/kg を超えると胎児に影響が出る恐れがある [5]。

このように、子どもの脳・中枢神経系への影響は世界共通で明らかになってきている。最近の研究によると、免疫系が神経系の支配下にあるという。被曝したり、汚染地区に住んだりしている子ども達の免疫力が低下していて様々な感染症に罹りやすいことはよく知られている。脳・中枢神経系への影響を免疫系と結びつけて考える必要があるかもしれない。

ベラルーシの汚染地区の子どもの精神障害罹患率は非汚染地区の 2 倍だった。同国の避難住民の精神障害罹患率は全住民の 2.06 倍だった(『チェルノブイリ事故による放射能災害』今中哲二編)。

チェルノブイリ事故の処理にあたった作業員達(ウクライナだけで 20 万人)は外部被曝と内部被曝の両方を受けた可能性が高い。その中に、うつ病や心的外傷後ストレス障害(PTSD)を示すケースが少なくない。圧倒的に多いのは、アテローム性動脈硬化症で、次にがん、脳卒中などの脳血管の病気であり、白内障も多い [5, 11]。

ロガノフスキー氏は、「チェルノブイリの経験から、福島では今後、脳や神経面、心理面での影響が出てくる。地震、津波、身内の死による PTSD を発症する人が増え、放射線の影響を受けるのではないかという恐怖心による精神的不安定になる人やアルコール依存症になったり暴力的になったりする人も増えるかもしれない。これらの人への援助が大切だ」と語っている。ロガノフスキー氏は自分たちの経験をフクシマの事故に役立てたいと思い、日本大使館に申し込んだが拒否された。

4-8 先天性欠陥・奇形児の激増と遺伝的影響 [5〜8]

チェルノブイリ事故の 5 〜 10 年後、ベラルーシ汚染地区ゴメリでは、手足の異常の多指症などの先天性障害児の発生率が 6.7 倍になった(文献 8 の 2 章 5、図 5.15、表 5.78 参照)。事故後 15 〜 20 年のウクライナ・レビン地区では、神経管欠損、小頭症、小眼球症等の発生異常が増加した [21]。ウクライナでは、胎内被曝の子どもには、健康異常、身体発達異常、体細胞の染色体異常が高い頻度で見られた。染色体異常と体内被曝線量との間には相関関係が

あることが明らかとなった[7]。
　ドイツのミュンヘンやベルリンではダウン症（21番目染色体数が3本）の子どもが3～6倍増加した。ダウン症の増加はスウェーデン、フィンランド、スコットランドでも報告された[22]。IAEAやWHOはこれらの研究に信憑性を認めていない。

4-9　チェルノブイリ事故の動物への影響 [8]

　半減期が長い放射性物質（セシウム137とストロンチウム90は30年、プルトニウム239は2万4000年）は生態系で、土壌→根→葉→腐葉土→根と循環する。これに食物連鎖が加わることによって、動物に止まらず、目に見えない細菌やウイルスにまで放射性物質が伝搬し内部被曝により生物学的影響が引き起こされる。実際、汚染地区の植物に寄生する植物ウイルスのゲノムに変異が起こっていることが報告されている。渡り鳥により汚染は世界的規模で広がる。
　チェルノブイリの立ち入り禁止区域は、25年経った今、生態系が復活してきているという。しかし、個体数の比較から、放射能抵抗性の動物（例えばネズミ）と感受性の動物（例えばツバメ）など種によって大きな差がある。
　ここでは、低線量被曝によると考えられる渡り鳥ツバメへの影響を研究しているA・モレールとT・ムソーの成果を紹介する。卵の大きさは4分の1、羽の長さが非対称のもの、1年以上生存するもの3分の1と老化が進んでいる。生存率も著しく低い。採取した精子に形態異常が観察された。
　ウクライナの研究者によると、くちばしの異常なツバメや、くちばしの下の羽毛の一部の羽が色素を欠く白子（albino）が認められた[8]。
　野村大成博士（医薬基盤研究所）は、β線を出すトリチウムを注射した雌のマウスから生まれた子どもマウスの毛の色が、一部が黒から白に変わるalbino現象、突然変異が起こっていることを見つけている。将来様々ながんが起こると予想している。ヒトでも当然起こると考えられる。セシウム137の出すβ線は周囲1cmにある細胞に強い影響を及ぼす。Albino現象は、内部被曝の影響は組織全体に均一に起こるのではなく不均一であることを示している。このことから、取り込まれた放射能は組織全体に均一に広がるとして内部被曝の影響を低く見積もるICRPの主張は否定される。

4-10　植物への影響 [8]

　植物に取り込まれた放射性セシウムは、葉に不均一に分布していたことが葉のオートラジオグラムから示された。植物の違いにより分布パターンが異なる。放射性物質の取り込み、その感受性にも植物により大きな差が見られた [8]。植物・動物両界に同じ法則が見られる。

　茎のゆがみや塊状化、葉の異形や縮み、花序の異形、全体の縮小や巨大化など、さまざまな形態学的変化が、チェルノブイリ 30km 圏の植物群落で観察されている。また、この圏内に自生する植物の種を採取し（1986～90年）、人為的に発芽させた根の分裂細胞の染色体を観察したところ、染色体異常が認められた。染色体異常の頻度も種による違いがみられた [23]。

5節　福島原発事故による日本での内部被曝の進行

5-1　子どもの尿からセシウムを検出

　フランス NGO の ACRO（アクロ）に測定を依頼した福島市の子ども（6～16歳）10人の全員の尿に、セシウム 137 とセシウム 134 がほぼ同量 0.4～1.3 Bq/ℓ（kgに相当）の内部被曝が確認された。理研分析センターに依頼した千葉県柏市と船橋市の子ども 2 人の尿にもセシウム 137 が 0.45、0.34 Bq/kg それぞれ検出された。

　更に、埼玉県川口市の子どもの尿には 0.41 Bq/kg のセシウム 137 が検出された。大多数の未検査の子どもにも汚染が広がっていることは容易に想像される。

5-2　甲状腺の異常

　福島県飯舘村といわき市の子ども 1150 人のヨウ素 131 による甲状腺汚染

率は45％（文科省発表）と約半数の子どもに甲状腺内部被曝が起こっていた。

福島県から長野県に夏休みで短期避難していた子ども（0～16歳）130人の血液と尿検査結果から、10人に甲状腺機能数値に異常がみられた（2011年10月4日NPO法人チェルノブイリ連帯基金発表）。その内訳は、甲状腺ホルモンの低下（1人）、甲状腺刺激ホルモンの上昇（7人）、サイログロブリン（Tg）の上昇（2人）だった。Tgは甲状腺ホルモンの前駆体で甲状腺濾胞（ろほう）に貯蔵されていて甲状腺刺激により甲状腺ホルモンに変換される。Tgの血液での上昇はTgを合成する濾胞細胞か濾胞の損傷を示唆している。同基金の鎌田理事長は「現段階では病気と言えないが、経過観察が必要である。政府に緊急の対策を促したい」とコメントした。

福島県は18歳以下の子ども36万人の甲状腺検査を2011年10月9日から実施したと発表した。

2014年3月までに一巡し、以後は数年おきに行なう予定とのことである。チェルノブイリでは、幼児の甲状腺がんの発症は2年以内で起こっている例もある。また免疫機能低下により感染症に罹り点滴が必要な子どもが1年以内に見られた。緊急性ときめ細かい検査が必要とされる。経済よりも子どもの健康を最優先すべきである。

この件を私は昨年（2011年）10月末に「物性研究」（Vol.97 No.6、2012/3）の原稿に書いたが、危惧していたことが報告されたのである（「おわりに」を参照）。

5-3 母乳からセシウムやヨウ素を検出

母乳中にも放射性物質が検出されている。福島県21人中7人の母乳中に1.9～13.1 Bq/kgのセシウム137が検出された（厚労省研究班と母乳調査・母子支援ネットワーク）。いわき市の場合は5.5 Bq/kgのヨウ素131が検出された。福島原発から250kmの東京三鷹市の母乳からもセシウム137が4.8 Bq/kg検出された。母親が摂取した放射性物質の20％が母乳に入るというから（母乳調査・母子支援ネットワーク発起人の河田昌東氏）、母親の汚染は単純計算でその5倍になる。

ドイツ放射線防護協会が定めている子どもに対する許容濃度は4.0 Bq/kg、

米国の水基準 7.4 Bq/kg、WHO の水基準 10.0 Bq/kg からみても上述の日本の母乳の放射能汚染は欧米の基準をオーバーしているものが多い。ちなみに日本政府の水・ミルク・乳製品の暫定基準は 200 Bq/kg と WHO の水基準の 20 倍も高い。厚労省は「乳児に影響はない」という。しかし、組織の成長が盛んな乳幼児は大人より放射性物質に対する感受性が 3〜10 倍高い。放射能汚染度がたとえ低くとも汚染母乳は頻繁に乳児に与えられるのでその影響は無視できない。ダイオキシンに汚染された母乳を、母乳は子どもの身体によいとして乳児にあたえて障害が生じた過去の轍を踏んではならない。汚染母乳は与えてはならない。安全なミルクに置き換えるべきある。新基準の 50Bq/kg でも高すぎる（第 2 節参照）。

上述したように、福島県を超えて内部被曝の汚染が拡大してきている。この拡大に拍車をかけているのが、食物（野菜、肉魚）や飲料水の汚染である。主食の米の汚染も問題になる。福島、茨城、千葉県の早場米からセシウム 137/134 が 50 Bq/kg 程度検出された。基準値（500 Bq/kg）以下ということで大きな問題となっていない。しかし、収穫期に入り福島県二本松市では 500Bq/kg のセシウムが検出された。

それでは何処までが許容量か。ベラルーシのベルラド放射能安全研究所はドイツにあるユーリッヒ研究センターが考案した公式を採用し年間 1 ミリシーベルトを 1 kg 当たりのベクレルに換算し、人体内におけるセシウム 137 の量に関して助言している。大人は体重 1 kg 当たり 200 Bq が危険レベル。体重 1 kg 当たり 70 Bq が要監視（注意）レベルである。子どもは体重 1 kg 当たり 70 Bq が危険レベル。体重 1 kg 当たり 20 Bq が注意レベルとされている[23]。これによると、体重 60 kg の大人の注意レベルは 4,200 Bq、体重 30 kg の子どもの注意レベルは 600 Bq で、上述した政府の食品暫定基準値の食品を摂取すれば毎日、200〜300Bq を取り込み 10〜20 日間で注意レベルをオーバーしてしまう。政府の基準値がいかに杜撰で国民の健康を全く無視しているか明白である。

ベルラド放射能安全研究所は論理的な観点からもう一つの視点を提唱する。「大人、子どもに関係なく、体重 1 kg 当たり 0 Bq が望ましい」。セシウム 137 などは人体内に存在してはいけない。なぜならこれは自然の摂理に反しているからだ（文献 24 の p45）。

バンダジェフスキーの報告から2節で出した結論でもある。

5-4　子どもたちにみられるさまざまな症状

　福島のお母さん達から、原発事故後に子どもたちに紫斑が現われたり、下痢が止まらないという訴えが肥田舜太郎医師のもとに届いている。肥田医師は広島で自ら内部被曝を体験して以来65年にわたって、内部被曝したと思われる6000人以上もの被爆者を診察し、放射能が人体に及ぼす影響を研究し続けてきた内科医である。肥田医師はこの症状は被曝の初期症状に間違いないと警告している。被曝に因る症状は、「下痢から始まり、口内炎から鼻血へ、そして身体に紫斑が出始める」と言われる[16]。広島・長崎の被爆者と同じ順序で症状が進行していくという。

　内部被曝者に時間が経つと共通に見られる独特の症状として「ぶらぶら病」という倦怠感に襲われ、何もする気力がなくなる症状が現われるという。肥田医師は「ぶらぶら病」症候群と名付けた[16]。肥田医師は半年以上経って「ぶらぶら病」が現われるのを危惧している。

　原発事故以来「子ども達の健康相談室」を設けているNGO「チェルノブイリのかけはし」の野呂美香さんが500件のお母さん達の訴えをまとめたデータでは（カッコ内は人数）、喉の痛みや不調（172）、鼻血（106）、下痢（97）、倦怠感（83）、頭痛（42）、目の腫れ（39）、発熱（34）、口内炎（28）と、子ども達の症状は神経系から免疫系と多様である。鼻血、下痢、倦怠感が上位を占めている。

　チェルノブイリ原発から70kmのウクライナのナロジチ地区（キエフの西）は現在0.1μSv/時の空間線量を示す地区である。事故後に生まれた子ども達に慢性的疲労を訴える白血球値が低い女の子、疲労感でいつも眠く、学校から帰ったら寝ている11歳の男の子、などが増えている等、「ぶらぶら病」に似た症状が現われている。地区病院の院長は内部被曝の可能性を考えている。（2011.8.6 NHK BS1 ドキュメンタリー WAVE "内部被曝に迫る"～チェルノブイリからの報告～）

　福島第一原発から200～250km離れた所のホットスポットである千葉県柏市、東京都町田市や多摩市などに住む園児、子どもから大人まで同様な症

状を訴える人が多く見られた。爪が剥がれたり割れたり、抜け毛、生理異常を示す子ども、アトピーや喘息が再発したり悪化したりした免疫機能の異常を示す子どもいた。大人では、血尿や下痢、口唇ヘルペスを示す人が多かった。多摩市の2人の男性（30歳と56歳）が心筋梗塞で死亡した。後者の死は検査異常なしの数週間後だった（子どもと未来をつなぐ会調べ 2011.10.20～12.9）。

Y.I. バンダジェフスキーも言っているように、僅かの放射能汚染でも持病を加速する可能性がある。A. Yaroshinskaya（A. ヤロシンスカヤ）は彼女の著作『Chernobyl Crime Without Punishment』で、事故後18カ月、成人の突然死が多発したり、免疫力の大幅な低下によるあらゆるがん死が多発したと医師の証言を載せている。

5-5　2011年秋以降、日本でも報じられつつあるセシウムの体内蓄積

（1）南相馬市の小中学生の体内蓄積量

2011年秋、福島県南相馬市で小中学生527人を調べたところ、199人から体重1kg当たり10Bq未満、65人から同10～20Bq未満、3人から同20～30Bq未満、1人から同30～35Bq未満のセシウム137が検出されている（10月25日朝日新聞）。健康被害が起こりえる蓄積量に達している子もいることが分かる。親子で体内セシウム量が20倍違う例があり、親は自宅でとれた野菜や果物を食べ、子どもにはスーパーで買った食材を使っているとのことで親が20倍も高くなっている（「プロメテウスの罠」、12月21日）。食品によるセシウムの体内蓄積と思われる。

なお、この調査ではセシウム137の量と表現されている。これが正しければ、調査時点ではセシウム134を加えたものが実際の体内蓄積量となり、記事の値の約2倍になる〔以下の（2）、（3）項参照〕。

福島県の小学生中学生の数は約17万人と推定される。従って、福島県の小中学生の数は上記調査人数527人の約320倍である。福島県中通などの比較的高い汚染地区に生活している児童生徒が福島県全体の半分と仮定してみても、上記の調査結果からセシウムを蓄積している小中学生の数は表6のように推定される。

表6 福島県中通地区の小中学生の放射性セシウムの蓄積量と推定人数

蓄積量（体重）	推定人数
10Bq／kg未満	約32,000人
10〜20Bq／kg	約100,00人
20〜30Bq／kg	約500人
30〜35Bq／kg	約150人

バンダジェフスキー報告を参考にすると、例えば心電図に変化が認められる可能性のある児童生徒が福島県に数千人から1万人近くいると推定される。予防原則に従い、県全体での心電図の測定が必要であろう。

(2) 南相馬市でのセシウム137の測定

3月1日の朝日新聞のオピニオン「内部被曝と向き合う」で南相馬市立総合病院非常勤医師として働く東大医科学研究所医師、坪倉正治氏が最新のホールボディカウンター（立ったまま2分でセシウム137を測定できる）を使って1万人を測定し5,000人の分析結果を載せている。〔南相馬市民7万人のうち現在4万人が市に在住〕。体重1キロ当たり大人は20Bq以上、子どもは10Bq以上を再検査の目安としている（平均値7.2Bq/kg）。

表7 南相馬市の中学・高校生のセシウム137の体内蓄積量と人数

蓄積量（Bq/kg）	高校生5000人	中学生600人
>50	16 (0.35%)	—
>30	—	1 (0.17%)
>20	180 (3.6%)	42 (0.69%)
>10	—	71 (11.92%)

血液内科が専門の坪倉医師は「測定値だけでは、安全だとか危険だとかは説明しきれない。安心は語れない。生活を見直す材料にしたい」と語っている。

「ウクライナでは、全部の市場で食材を毎日検査している。内部被曝を避ける事が大事と言っている」と記者に答えている。坪倉医師にも、ウクライナより経済的に豊かな日本でなぜ全量検査ができないのか、を考えて欲しい。

この結果によれば、再検査が必要な18歳以下の子どもが272人いる。再検査で20Bq以上を示すような子どもがいたら、予防原則から、是非バンダ

ジェフスキー報告（図2、4）を参考にし、心電図、白内障、血圧等の検査により多角的に健康状態を検討すべきである。

坪倉医師が飯舘村で健康診断を行なったときのことを次のように語っている。「持病の高血圧が悪化した人が多いことに驚きました。ストレスが大きかった」。しかし、バンダジェフスキーは放射性セシウムが高血圧や心筋梗塞を始め、様々な持病を悪化させることを報告している[5]。坪倉医師は「内部被曝に関して『この値で大丈夫』という医学的に確かな根拠となるデータはない」と正しく認識している。だからこそ、坪倉医師はストレス説で簡単に結論を出してはならないと思う。

(3) 厚生労働省の研究班の内部被曝調査

厚生労働省の研究班、国立医薬品食品衛生研究所の調査（12月22日、朝日夕刊記事）によれば、2011年9月と11月に東京都、福島県、宮城県で流通していた食品を調査し調理し、ヨウ素、セシウム、カリウムの1日摂取量を推定した。

ここではセシウムのみについて記すが、1日の食生活から摂取される量と1年間の被曝量は表8のようになったという。なおこの調査結果で報告されている「放射性セシウム」は、セシウム134と137の1：1混合物と思われる。

表8　放射性セシウムの1日摂取量と年間被曝線量の3地域比較

	摂取量（Bq/1日）	被曝量（mSv/1年間）
東京都	0.45	0.0026
福島県	3.39	0.0193
宮城県	3.11	0.0178

この被曝量は上記の放射性セシウムを1年間（365日）摂取した場合に相当する。福島県の場合、1年間の摂取量は1237Bqになり、これにICRPの変換係数（大人）を適用すればほぼ上記の値になる。

調査は9月と11月に行なわれたから、その平均として、原発事故発生の3月から7カ月、約200日、毎日上記の量を摂取したと仮定してみる。生物学的半減期を70日（大人）とすれば、約90Bq/body蓄積し、体重を60kgとすれば、1.5Bq/kg（体重）になる。半減期40日（子ども、体重30kg）の場合は、

60Bq/body、2Bq/kg（体重）になる。
　これは上記の南相馬でのデータの約1/10である。実際の汚染は、厚生労働省の研究班のデータの少なくとも10倍程度あると見なすべきであろう。

(4) 朝日新聞と京大の共同調査（朝日新聞1月19日記事）
　この記事では、福島県内26人、関東16人、関西11人、合計53家族の家族調査となっている。「人」と「家族」が混在しているが、おそらく「家族」であろう。
　家族1人当たりの1日の食事に含まれていた放射性セシウムの量は、調査結果の一部を抜粋すると以下のようになる。

福島県
中央値4.01Bq/日、最大値17.3Bq（1家族）、11Bq（1家族）、約6Bq（6家族）
関東地方
約10Bq/日（1家族）、約6Bq/日（1家族）、約3Bq/日（2家族）

　福島県の場合、その中央値が4.01Bq/日であり、この食事を1年間食べ続けて、0.023mSvの被曝、最大値17.3Bqの場合には0.1mSvの被曝量となっている。福島産の柿の汚染は40－200Bq/kg、リンゴでは20－50Bq/kgであり、果実を100g/日食べても1日20Bqであり1年間の内部被曝量は0.12mSvという。

　この朝日新聞の記事では「セシウムの量」と表現されており、それぞれの核種の検出限界が記述されているところを見ると、「セシウムの量」とはセシウム134と137の合計のように思われる（ただし明記はない）。セシウム134（成人の実効線量係数＝1.9E-5mSv/Bq）[注5]とセシウム137（1.6E-5）が1：1で混在していると仮定すると、実効線量係数は1.6E-5mSv/Bqであり、朝日の

[注5] 実効線量係数：ベクレルからシーベルトに換算した値でSv/Bqと表示。
　　1.9E-5mSv/BqのE-5とは＜べきの指数＞で10^5のことでmSvに換算するときの値。従って、1.9×10^5を既知のBqの値に掛け算すればmSv値を得る。ミリ（m）はミクロン（μ）の1000倍。
　　セシウム134と137の実効線量係数はそれぞれ1.9E-5と1.6E-5で違う。

記事ではこの値を用いていると考えられる。例えば、4.01Bq/日 × 365日 = 1464Bq、1464Bq × 1.6E-5mSv/Bq = 0.023mSv となり記事の値に一致する。

比較的汚染の程度の高い福島県中通の人口が約100万人であり家族数は数十万であろう。この地域だけ考慮しても1日当たり17Bq程度摂取している人数は1万にのぼり、従って、すでに体内に数十Bq蓄積した子どもたちが数千人いることを朝日の調査は示唆している。

記事の解説では、セシウムの生物学的半減期（成人）は90日となっているが、併載されている図は半減期約100日のものに相当する。しかもこの図から読み取るべき体内蓄積量には記事は一切言及していない。この記事ではセシウムの健康影響は実効線量でわかると言い、セシウム137を毎日10Bqを1年間食べ続けても0.05ミリシーベルトであり、1000ミリシーベルトでがん死が5％増加することと比べ、「安全」を匂わせている。この被曝量は1日摂取量を365倍した値にICRP流の換算係数を掛けて求めた単純なものである。このように内部被曝を無視したシーベルト安全神話が貫かれている。

朝日新聞は一方で、「プロメテウスの罠　学長の逮捕」において、ゴメリ医科大学学長バンダジェフスキーはこの内部被曝の重要性を指摘したが故にベラルーシ政府に逮捕された経緯を報じている。朝日新聞の態度はベラルーシ政府と変わらないことになる。

(5) コープ福島の体内放射性セシウムの調査（2012年1月17日公表）

毎食家族人数より1人分余計に食事を作り、それを2日分（6食＋おやつや飲料などを含める）集め検査した結果の一部を以下に引用する（朝日と同じ食膳方式で対象家族数は45、測定限界1Bq/kg）。

最も多くの放射性セシウムを検出した家庭の食事に含まれるセシウム137とセシウム134の量は1キログラム当たりそれぞれ5.0Bqと6.7Bqだった（合計11.7Bq/kg）。この量は、51家庭いずれでも検出されている放射性カリウム（カリウム40）の変動幅（1kg当たり15〜56Bq）のほぼ4分の1程度だった。

セシウムが検出された家庭で、仮に今回測定した食事と同じ食事を1年間続けた場合の放射性セシウムの実効線量（内部被曝量）を計算すると、年間合計約0.01ミリシーベルト以下となる。

この調査は朝日新聞・京大合同調査と同程度の食品による内部被曝が進行していることを意味している。

(6) 福島県の調査

2012年2月10日朝日新聞朝刊（1月19日記事をフォローする記事）。

福島県が公表した放射線量が高い地域の住民の検査結果では、2011年末までに1万2000人を調べ、被曝線量が1ミリシーベルト以上と見られる人が24人（0.2％）いた（2012年2月10日、朝日新聞）。1ミリシーベルトは高線量の内部被曝である。この記事によれば内部被曝は初期の吸入によるとの想定となっているが飲食による可能性も否定していない。高線量地域の定義、年齢構成、1ミリシーベルト～0.1ミリシーベルトの人数の分布などが不明だが、1ミリシーベルト以上（毎日約170Bq以上の摂取に相当）の高線量内部被曝だけでも数千人いることになる。

(7) カリウム40の問題

国立医薬品食品衛生研究所、朝日新聞記事、コープ福島の調査のいずれも放射性カリウム40による被曝に言及し、放射性セシウムによる被曝に安全宣言を出しているように見える。

国立医薬品食品衛生研究所によれば福島では83.77Bq/日の割合でカリウム40を摂取し、これによる被曝は0.1896ミリシーベルトとしている。これは、

83.77Bq/日 × 365日 = 30,576Bq

30,576Bq × 6.2E-9 Sv/Bq = 0.1895mSv（6.2E-9 Sv/Bqはカリウム40の経口摂取に対する換算係数）

で計算した結果である。この被曝量をセシウムによる被曝量と比較し、セシウムによる内部被曝は天然の被曝より少なく安全であると暗示されている。

生物はその発生のとき以来天然の放射性物質カリウム40と共存してきたが、人工放射性物質である放射性セシウムとは無縁であった。このことが重要である。

ここで市川定夫著『新環境論Ⅲ』(p173)を引用しよう。

「その大部分がカリウム 40（半減期は 12.5 億年）によるものである。カリウム 40 は、天然に存在するカリウムのうちの 1 万分の 1 強を占めており、この元素が環境中に多量に存在し、生物にとって重要な元素であるから、カリウム 40 が否応なしに体内に入ってくる。しかし、カリウムの代謝は早く、どんな生物もその濃度をほぼ一定に保つ機能をもつため、カリウム 40 が体内に蓄積することはない。このような生物の機能は、カリウム 40 が少量ながら常に存在したこの地球上で、生物が、その進化の過程で獲得してきた適応の結果なのである。（注；カリウムを蓄積するような生物がかりに現われたとしても、蓄積部位の体内被曝が大きくなり、そのような生物は大きな不利を負うことになるから、進化の過程で淘汰されたであろう。）」

放射性セシウムは細胞が分裂しない心臓や脳にも蓄積し、修復できない被害をもたらす。一方カリウム 40 による高血圧症はないのである。
チェルノブイリ膀胱炎の研究では、コントロールの集団は当然カリウム 40 を摂取している。
体内に常時蓄積しているカリウム 40（約 4,000Bq）のような天然放射性物質は、37 億年前位から進化の過程で適応的に共存してきたものなので、普通の生活状態ではその量と放射線感受性がうまく制御されている。そこが人工的な放射性物質（セシウム 137 等）と決定的に違うところである。

5-6　生態系での内部被曝の拡大──食物連鎖から生物濃縮

（1）牛の血液、臓器から放射性セシウム、銀 110m、テルル 129m の検出
農林水産省の怠慢から、セシウム 137 汚染稲わらを餌として与えられたために内部被曝した牛の肉や牛乳が市場に出まわり、それを食する人が汚染することになった。また、牛の内臓は規制から外された為に、内臓を使った食材による食品汚染が広がることが懸念される。
実際、福島原発から 20km 圏内の警戒区域にいた牛の筋肉や血液に加え、内臓にも放射性セシウムや他の放射性核種が蓄積していることが、東北大加齢医学研究所の福本学教授らのグループの研究で明らかとなった（日経新聞 2011 年 11 月 12 日）。

血液1kg当たりの放射性セシウム量(60Bq)を1とすると、骨格筋は30倍、心臓、肝臓はそれぞれ15倍、10倍 だった。この結果から、血液から内部被曝が推定できる可能性がでてきた。γ線を出す放射性銀110mと放射性テルル129mも検出された。90%の牛の肝臓から銀110m(100Bq以下)が、半数以上の腎臓から微量のテルル129mが検出された。各臓器の放射性セシウムの蓄積量は母牛よりも胎児が1.3倍高かった。β線を放出するストロンチウム90の臓器での蓄積量データの公表が待たれる。

(2) 昆虫からセシウム137の検出
原発から40kmの計画的避難区域、飯舘村北部に生息するコオロギ(約500匹)からは4000Bq/kg、別の場所で200Bq/kg検出された。原発から60〜80kmの須賀川、本宮町で採取されたイナゴでは、それぞれ196Bq/kg、72Bq/kgで、空間線量に依存するようだ(東京農大 普後一教授)。

(3) 土壌指標生物のミミズからセシウム137の検出
ミミズは土壌内細菌や落ち葉のセルロースなどを餌として分解し、土壌に返してその肥沃の維持に貢献している。ミミズの数は土壌の肥沃さの指標となっている。また、ミミズはモグラ、ネズミ、イノシシやトリなどの様々な野生動物の餌となり食物連鎖に貢献している。長期にわたり農薬によるミミズの消滅により、土壌が死につつあるように、長寿命の人工放射性物質セシウム137などが低線量でも地中に長期間滞留すると短期間には現われないが地中の生物の循環を障害し、長期間では最悪の事態を招く。

原発から20km離れた川内村に生息するミミズから、約2万Bq/kgの放射性セシウムが検出された。大玉村では約1000 Bq/kg、只見町では約200 Bq/kgだった。調査時の空間線量は、川内村、大玉村、只見町の順に、3.11μSv/時、0.33μSv/時、0.12μSv/時で、線量の高い地点のミミズほど放射性セシウムの値が高かった。食物連鎖で他の生物の体内に順次蓄積されていき多様な生態系が破壊されていく可能性がある。

(4) セシウム137と銀110mの海で生物濃縮
原発から南へ30km、いわき市久之浜漁港では3週間に一度、モニタリング

サンプルとして海藻のアラメ、それを餌とするアワビとキタムラサキウニを採取し放射能測定している。1kg当たりセシウム137は、海水が40.7Bq、アラメが421Bq、アワビが950Bq、キタムラサキウニ（乾燥）は2017Bqだった。

海水→アラメ（10倍）→ウニ（5倍）と食物連鎖により50倍の生物濃縮が起こっていることが明らかとなった。

半減期が250日の銀110mは、海水では検出限界以下だったが、アワビでは416Bq/kg、その肝臓では850Bq/kgと生物濃縮されていた（長崎大学環境科学部／高辻俊宏助教：「海のホットスポットを追う」ネットワークでつくる放射能汚染地図4 ETV特集2011.11.27）。

(5) 風による放射性セシウム汚染スギ花粉の拡散

林野庁の森林総合研究所は、福島県を中心に16都県で森林の放射性セシウムの空間線量と採取した雄花の線量を測定した。空間線量が高い所では葉と同様雄花でも高かった。原発周辺の福島県浪江町（空間線量40.6μSv/時）のスギの雄花では1kg当たり25万3000ベクレル、双葉町では12万5000ベクレル検出された。岩手、宮城、茨城、栃木、群馬のスギからは最高で1640Bq、東京八王子のスギの雄花には390Bq含まれていた。

雄花から花粉にほぼ100%移行することが確認されているので、これから5月まで飛散する花粉により数百キロ先まで放射性セシウムが運ばれる可能性がある（『週刊文春』平成24年3月1日号）。たとえ低線量でも呼吸により肺に取り込まれると体外排出が難しく長期にわたり内部被曝に曝される恐れがある。裸眼の目から花粉が入り被曝する可能性もある。外出から帰ったら、家に入る前に、衣服をよくはたき花粉を落とし、入ったら洗眼とうがいを励行することが大事だと思う。

(6) 竹林と新芽の竹の子の枯れ

原発から南西50km、郡山から東南25kmに位置する平田村のほとんどの家の竹林が6月の新緑のころなのに黄褐色に枯れた。成長が盛んな芽を出したばかりの筍も枯れていた。

放射性セシウムによる可能性が高い。この地区では例年に見られないくら

い、蛇、ツバメやカラスが激減しているという（『WILL』2011年8号、p255）。原発から南30kmのいわき市でも規模は小さいが竹林の枯れがみられた。福島県産の筍からは放射性セシウムが検出されている。

竹林以外に、木炭用木材と木炭までセシウム137汚染が起こっている。チェルノブイリと同様に森林を含む植物相全体に汚染が拡大しているようだ。

(7) 南相馬のニホンザル大量死の原因究明を

2011年の夏頃から南相馬市の山に住む野生のニホンザルに大量死がおこっているという知らせを受けた（南相馬市議の私信）。例年にない異変であるという。南相馬の山林はスピーディー（緊急時迅速放射能影響予測ネットワークシステム、SPEEDI）のデータから判断して汚染レベルが高い。原発から20〜30kmの南相馬市では事故により農作物が栽培されなかったため、ニホンザルは餌を山林に限定せざるを得なかったと考えられる。ニホンザルは春から夏に出産し子育てをする。内部被曝と外部被曝が同時に進行している環境で、人に最も近い霊長類のサルの大量死だ。これからも起こるであろうニホンザルの死、疾病、奇形サルの出現などが放射能に因るものか病理学的、医学生物学的に解明される必要がある。我々日本人にとっても国際的にも重要な課題である。バンダジェフスキーが10年以上かけて人で行なったことを南相馬のニホンザルでは短時間で行なうことができる。研究体制と支援体制が急務である。

6節　低線量被曝の分子基盤：ペトカウ効果とバイスタンダー効果

6-1　ペトカウ効果

1972年、A・Petkauは「低線量の電離放射線で長時間照射する方が、高線量で短時間照射するよりもたやすく細胞膜の透過性を変えて膜を破壊する」というペトカウ効果（Petkau effect）仮説を提唱した[17]。その後、この仮説

は細胞レベル、個体レベルで確認された。この効果はスーパーオキサイドデスムターゼ（SOD）で消去されることから、活性酸素フリーラジカル〔スーパーオキシドアニオン（O_2^-）、ヒドロキシラジカル（・OH）〕が関与することが分かった[18]。

低線量放射線被曝での活性酸素は密度が低いが、再結合する割合が少なく効率よく細胞膜や細胞内構造体の膜などに達し膜脂質の過酸化の連鎖反応が起こり膜破壊から細胞死へと進む。高線量では発生する活性酸素の密度が高く、活性酸素同士の再結合がおこり標的分子の酸化能が低下する[1, 16]。

生体内の細胞組織が低線量放射線により絶えず、長期に渉り、局所的に放射線にさらされる内部被曝は、微量でもペトカウ効果で強められ、高線量域から低線量域にわたる線量－効果関係の直線性を仮定しリスク予測よりもはるかに大きな影響を生体に与える。

内部被曝によるミトコンドリアの障害（p.36 の 4-5 参照）の分子機構の一つとして、ミトコンドリアに局在するマンガン結合型 SOD（Mn-SOD）の機能低下によりミトコンドリア内の活性酸素濃度が上昇し細胞毒性が増す可能性が考えられる。

以下に活性酸素・フリーラジカルの細胞および細胞内小器官への影響を列挙する。

① 不飽和脂肪酸の過酸化反応開始と連鎖反応による膜構造の破壊
② 酵素蛋白質や構造蛋白質の酸化による機能異常と代謝系の攪乱
③ イオンポンプ受容体や細胞受容体とその関連酵素の不活性によるシグナル伝達の異常
④ 多糖体の脱重合などによる細胞間コミュニケーションの乱れによる組織構築維持の損傷
⑤ DNA の架橋と二重鎖切断による遺伝子転写の制御の乱れと遺伝子変異の発生

これらは、細胞崩壊、細胞増殖・分化の損傷により組織の統合性が喪失され、炎症は勿論、生活習慣病の動脈硬化、高血圧、糖尿病、更には免疫や神経疾患の原因として考えられている。がんと老化といった相反する生命現象の重要な因子とも言われている[12]。

近年では、フリーラジカルである一酸化窒素（NO）と O_2^- との反応で生じ

るペルオキシニトリル（ONOO⁻）から「・OH」が生じることから、活性窒素〔RNS (NO、NO_2^-、ONOO⁻)〕を活性酸素（ROS）と同等に扱う[12]。

活性酸素の細胞内標的分子を図9 (p.37) に示した。細胞内に生じたROSやRNSが細胞膜やミトコンドリア膜に作用し脂質の過酸化が起こる。ミトコンドリアではROSやRNSが再生産される（ミトコンドリアから中心に向かう矢印）。活性酸素は核に移行してDNAを酸化し遺伝子発現に影響を与える（がん抑制遺伝子p53の発現を亢進するなど）。細胞質内では、活性酸素は蛋白質（酵素やアクチン繊維等の構造蛋白質）を酸化し高次構造を変化させその機能に影響与え、最終的に代謝系を撹乱する。

活性酸素はまた、酸化ストレス経路の重要なシグナル伝達蛋白質（JNK、p38）を活性化してストレス応答を誘導する。

ミトコンドリアは、電子伝達系が担う酸化的燐酸化により細胞のエネルギーのほとんどを供給しているが、電子伝達系から漏れ出た電子が酸素と反応して活性酸素が産生されてしまう。電子伝達系で消費される酸素分子の1〜2%がO_2^-へ変換されると言われている。ミトコンドリアは細胞内での活性酸素の発生源でもあるが活性酸素を無毒化する系が備わっている。しかし、脂質の過酸化によりミトコンドリア膜が破壊され活性酸素などが漏れ出したり、エネルギー生産に支障が起これば細胞の崩壊に繋がり、上述した様々な疾病の原因となる。

6-2 バイスタンダー効果

最近になって、顕微鏡と加速器を組み合わせたマイクロビーム装置（アルファ粒子線）が開発されて低線量放射線の影響を細胞レベルで調べることが可能となった。細胞（1〜10個の培養細胞）に照射すると、その障害が照射されなかった周りの細胞にも及ぶという、バイスタンダー効果（Bystander effect）が知られている（図10 p.38）。周囲の細胞が異なる組織由来でもよく、また照射部位が細胞核でも細胞質でもバイスタンダー効果が同様に起こることが確認された[25]。細胞質照射により、細胞核の変異も周囲の細胞核中に誘導されることも明らかとなった。細胞レベルでのこの効果は、3次元のヒト皮膚組織培養系でも確認された。ピンポイントの組織障害がバイスタンダー

効果により 1mm まで広がった（図11）[26]。個体レベルでは、体長約15ミリの線虫（C. elegans）の尻尾の特定部位へのアルファ粒子の照射によりその位置から100ミクロン以上離れた部位にまで効果が達した[27]。この効果は植物でも確認されている。更にこの効果は、アルファ線に限らずエックス線などでも起こり、線量効果も認められた。細胞から個体にまでバイスタンダー効果が認められることから、低線量放射線の生物への影響は、われわれが考えるよりも幾倍にも増幅され大きくなると思われる。

バイスタンダー効果を誘発する介在分子の探索が行なわれてきた。その一つとして活性窒素（RNS）の一つである酸化窒素（NO）が同定されているし、活性酸素（ROS）がこの効果を高めることもわかってきた[25, 28]。ある系では、バイスタンダー効果を抗酸化作用物質（ROSやRNS補足剤を含む）が阻害することから活性酸素が直接関与している（文献29、図11）。更に、ミトコンドリア機能がROSやRNSを介したバイスタンダー効果に不可欠であるとする興味深い報告もある[29, 30]。

サイトカインの一種のTGF-β1はバイスタンダー細胞に活性酸素と活性窒素を誘導する。このように、バイスタンダー効果の分子機構とペトカウ効果はオーバーラップしている。換言すれば、ペトカウ効果は低線量放射線が細胞膜構造の近傍で起こす分子機構であり、その際発生するROSやRNSが細胞から細胞へと伝達されていく機構がバイスタンダー効果であるといえる。

図10は放射線で誘発されるバイスタンダー効果を示している。細胞の核（黒色）に放射線（稲妻型矢印）が照射されると、放射線に直接曝されてい

図11 バイスタンダー効果を伝達する分子：活性酸素及び活性窒素

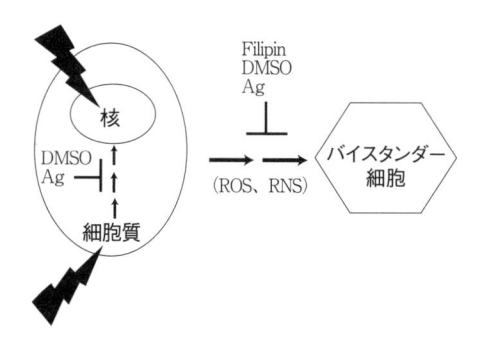

放射線曝露により核と細胞質とのどちらにおいてもバイスタンダー効果がおこり、非曝露細胞に放射線の影響が同様に伝達される。ROSとRNSの捕捉剤がバイスタンダー効果を抑制することから、ROS、RNSがその伝達分子である。または膜内構造体マイクロドメインの阻害剤（Filipin）によってもバイスタンダー効果が抑制される。

ない近傍の細胞にも同様の損傷が引き起こされる現象。照射された細胞内では遺伝子 p53 の活性化とともにある種の分子（黒丸）が生成される。この分子（黒丸）は周りの細胞に伝達され p53 を誘導発現（上向き矢印）し、細胞を傷つける（図10）。

図11は放射線によるバイスタンダー効果を起こす重要なシグナル分子は、膜介在性の活性酸素（ROS）と活性窒素（RNS）であることを示している。放射線を細胞核または細胞質のどちらに照射しても、照射された細胞と非照射細胞（バイスタンダー細胞）の細胞核に染色体損傷が引き起こされる。この効果は、ROS捕捉剤（DMSO）やRNS捕捉剤（Ag）を培地に添加することにより阻害された。また、スフィンゴ糖脂質を豊富に含む膜マイクロドメイン（ラフト）をフイリピン（filipin）により破壊してもバイスタンダー効果は阻害された。なおフイリピンはラフト構成成分であるコレステロールを除去しラフトを破壊する（文献29の図6を一部改変し作成した）。

3-6で取り上げたチェルノブイリ膀胱炎から膀胱がんへの分子機構においても、ペトカウ効果とバイスタンダー効果という名称は使われてはいないが、活性酸素、活性窒素および TGF-β1 が関与している事実から、この系においても2つの効果が働いていると言える。

実際はこれらの機構が複合的に働き、低線量による内部被曝は予想されるよりも遥かに大きな被害をひき起こすものと考えられる。同量の低線量でも、大人、子ども、胎児といった個体レベルの差、性差、組織の違い、細胞の違い、それを取り巻く生理的条件が異なれば、その効果の現われ方もかかる時間も違ってくることは容易に想像できる。従って、放射線量が低線量であっても何処までが安全であるとは言えない。できる限り内部被曝を避けることを心がけるべきである。

7節　複合汚染：低線量放射線と他の健康被害環境因子との相乗効果

1950～89年の40年間の疫学調査から、米国白人女性の乳がん死亡率が2

倍になったと米政府が公表した。政府の見解は「文明の進歩によって大気と水の汚染によるやむを得ない現象」であるとした。政府の統計処理に疑いを持った統計経済学者のジェイ・マーティン・グールド（J.M. Gould）は、全米3053郡を乳がんが増加した郡（1319）と横ばいまたは減少した郡（1734）に分け、増加した郡に共通の因子を探索した。その結果、郡の所在地の100マイル（160km）以内に原子炉があることとの相関を見いだし、軍用・民間用原子炉が放出する低線量放射線が乳がん増加を引き起こしていると結論した。政府は、さまざまな環境因子がベースラインを引き上げ、地域間格差を小さくするようにして統計処理をおこなっていることが明らかとなった[31]。

日本では、1990年代に市川定夫教授らが彼の開発した高感受性のムラサキツユクサ BNL4430 株を用いて X 線と化学変異物質（アルキル化剤）が相乗的に突然変異率を高めることを実験的に示した。彼はこの相乗効果を「カクテル効果」と呼び、単独の危険環境因子のみに注目する現在の規制では不十分で、放射線と化学物質とのリスク評価を緊急に改める必要性を訴えた（『新・環境学Ⅲ』136頁）。

2007年、2つのグループ（R.R. Chipa & M.K. Bhat と J. Alexander et al.）が抗がん剤（それぞれ 5-FU と Paclitaxel）で前処理された培養細胞では、X 線によるバイスタンダー効果が高められると報告した。がん治療における抗がん剤と X 線の併用での相乗効果のみを考えるのではなく、併用による副作用（毒性）もまた高まる可能性があることを考慮すべきだ。

日本では、原子力だけではなく様々な分野で政府、官僚、財界それに大手マスメディアに司法が加わり「安全神話」と「現状の生活維持に不可欠」の名の下に、健康被害を引き起こしている危険環境因子を隠蔽してきた。ここでは、日本で特に危惧される複合汚染環境因子として(1)農薬、(2)電磁波、特に送電線からの超低周波電磁波と、(3)高周波携帯電話と中継基地局を取り上げる。日本では、荻野晃也博士が「ガンと電磁波」の関係を1995年に[32]、「ガンと携帯電話」との関係を2002年に[33]先駆的に取り上げ警告している。

7-1　化学合成された農薬は基本的に毒である。

殺虫剤や除草剤が奪い取る昆虫や植物の生命の維持機能をヒトも共有し

ていることは分子生物学が証明した科学的真実である。直ちに影響はないが、じわじわとヒトを含む地球生命を蝕んでゆく。農薬には変異原物質やダイオキシンなどの環境ホルモン作用物質を含むものが多く、上述したように放射線との複合汚染が問題となる。農薬（化学薬品）が生態系、最後には人をも破壊してゆくことを『沈黙の春』(1962)で告発したレイチェル・カーソン女史は、同書第２章の冒頭で「汚染といえば放射能を考えるが、化学薬品は放射能と作用し合って万象そのもの—生命の核そのものを変えようとしている」（青葉梁一訳、新潮社、1987）と書き、農薬と放射能との複合汚染の脅威を予言していた。

　経済協力開発機構（OECD）の報告では、日本は単位面積当たりの農薬使用量において世界一である。更に、化学物質の安全性を測る目安とし１日許容摂取量（ADI）の日本の基準は国際比較で３倍以上も緩い。残留農薬基準値でも、物質によるが５〜500倍緩い。加えて、EUで基本的に禁止されているヘリコプター（有人と無人）による空中散布を、特に稲作地帯では全国規模で、JAと自治体が一体となって行なっている。農薬を少量しか積めないヘリコプターによる散布では（特に無人ヘリのラジコン）、一定面積当たりの有効成分量を地上散布と等しく合わせるために約100倍高い濃度で使用し、速やかに気化されるように乳剤を微粒化し噴射している。気化微粒子は人の肺に入り内部暴露を起こし慢性中毒の原因ともなる。

　農薬には従来からの有機塩素系、有機燐系に加え新しいネオニコチノイド系がある。有機燐は神経伝達物質アセチルコリンを分解する酵素、アセチルコリンエステラーゼを阻害し神経毒として作用する。ネオニコチノイドはアセチルコリンの細胞膜上の受容体に結合し神経を過剰刺激し神経毒として働く。ネオニコチノイド系は有機燐耐性昆虫撲滅の切り札として1990年代に開発された。ネオ（新）を冠するニコチン様の物質、ネオニコチノイドは有機燐系とは異なる際立った特徴を持つ。①無味無臭、②水溶性で拡散範囲は4km（通常の農薬は約100m）、③土壌への浸透性が高く地下水を汚染する、④植物の根から吸収され体全体に行き渡り毒性を発揮する。洗ってもとれない（有機燐は脂質性のため浸透性も低く植物の表面しか覆わないので洗ったら除去できる）、⑤超低濃度（ppb、即ちppmの1000分の1）で毒性を発揮する、⑥土壌や植物・動物での残留度が高い、⑦有機燐との併用や混合により毒性が100

〜1000倍増強される[34]。①と⑤の性質のみを利用し、減農薬としてネオニコチノイドが推奨され、国、JAやメーカーそれに生協が加わり安全と称して減農薬作物を広めている。ネオニコチノイドによる内部暴露が拡大している。

　農薬による人への影響で突出しているのは、アメリカ軍がベトナム戦争で使用した「枯れ葉剤(オレンジ剤：ダイオキシン含有)」[注6]によって、ベトナム人民に起こった先天異常、流産、肝がんの多発である。先天異常が世代を超えて続いた。米軍のベトナム帰還兵にも健康被害が発生していて、奇形で生まれた子どもの割合はベトナム以外への派遣兵士より15％多い。沖縄の9カ所の米軍基地内でもオレンジ剤が最近まで使用され、沖縄県民への被害が心配されている。

　農薬は発がん性や催奇性に加えて、神経や精神障害をも引き起こす可能性が指摘されている。群馬県前橋市の青山内科小児科医院の青山美子院長と東京女子医大の平久美子医師の報告では、ネオニコチノイド系のアセタミプリドの松林散布後に心身症で来院した患者の特徴が、野菜、果物、緑茶を沢山食べた後に起きた心身症患者と酷似していること、食べた食物の摂取を制限すると症状が改善することから、アセタミプリド汚染食物が原因と考えた。実際、患者の尿でアセタミプリドの代謝物を同定している。患者の症状は、頭痛、めまい、吐き気、下痢などは有機燐農薬と同様だが、脱力感、不整脈、短期記憶障害、小児の行動異常(多動、容易に興奮しやすい)等が特徴的である(『AERA』2008.9.22)。

　有機燐散布で被害を受けた子どもは、眼球運動の異常、引きこもりやアトピー性皮膚炎を発症したり、またうつ症状を示す例もあった。慢性の有機燐中毒患者では重い精神・神経症状を示す例も多い(『AERA』2005.3.7)。

　有機燐系殺虫剤に暴露した農民の白血球と尿にはDNA損傷指標の8-OHdGのレベルが高かった。有機燐代謝産物ジメチル燐酸(DMP)も検出されたこととDMPを処理する酸化ストレス抑制酵素Paraoxogenase 1 (PON1)が低い遺伝子型QQと対応することから、有機燐が体内で酸化ストレスを誘導したためと考察した(名大医・環境労働衛生学　那須民恵グループ

[注6]　モンサントによって作られた枯れ葉剤は、それ自身の毒性よりも中に含まれる補助剤の毒性のほうが数十倍高いことが後でわかった。[文献35]を参照。

産衛誌 47 巻　2005)。8-OHdG はチェルノブイリ膀胱炎でも検出されている。

有機燐農薬で胎内被曝したと考えられる子どもは、IQ が低く認知行動も劣ることがマウントシナイ医科大学・病院の疫学調査でわかった。PON1 の遺伝子型が QQ の母親から生まれた子どもはリスクが高かった (S.M. Engel et al. 2011 Environ Health Perspect)。放射能で胎内被曝を受けた子どもと類似性がみられた。

農薬の分子レベルでの作用機序は不明な点が多い。しかし、活性酸素系を介している点は放射線によるペトカウ効果と類似している。

農薬の世界規模での生物への影響で忘れてはならないことがある。2000 年頃から世界規模で拡大し日本では 2005 年以降、アメリカでは 2006〜2007 年に大発生したミツバチの群の大量死 (蜂群崩壊症候群) である。ミツバチは環境指標生物であるが、このミツバチは作物の受粉の 70% を担っているため、その崩壊は農作物の収穫に大打撃を及ぼした。その原因はネオニコチノイドであるとしてフランス最高裁は 2006 年ネオニコチノイドの発売と使用を禁止した。ドイツでは 8 種類のネオニコチノイドの販売を禁止した[34]。日本では全く措置がとられていないうえに無味無臭のため、農業用に加えガーデニング、芝生や生け垣の管理、シロアリやゴキブリ駆除、ペットのノミ、シラミ取りスプレー、建築材の抗菌剤等日用品にいたるまで広範に使用されている。微量農薬の生体への影響は脳神経系、免疫、内分泌と多岐に及び、放射線との複合汚染の最大の脅威である。農薬被害を少しでも少なくするために、次の措置が必要である。

(1) ヘリコプター (有人と無人の両方) による農薬散布を田畑のみならず森林も含む地域での全面禁止。
(2) 農薬残留基準値が設定されていない国内産米に基準値を設定し、ポジティブリスト[注7]以外の農薬に課せられた基準値を 0.01 ppm 以下とし測定を義務づける。
(3) カメムシに齧られた着色斑点米粒の数が 1000 個に 1 個、2 個、3 個、7 個以上をそれぞれ 1 等、2 等、3 等米そして加工米とする等級付けによる政府買い取り価格の格差による等級米制度を廃止する。

[注7]　ポジティブリストとは残留基準値が設定された約 600 種類の化学物質で、それ以外は食品残留値を一律 0.01 ppm とした (植村ら著『農薬毒性の事典』第 3 版、三省堂)。

政府は斑点米（見栄えだけで毒性はない）を光センサーではねて袋詰めし全て1等米として販売している。差額はピンハネされるので等級米制度は生産者にはメリットはなく、農薬代と健康被害がもたらされている。この廃止によりカメムシ駆除理由の農薬散布を減らせる。現在、日本では農薬や化学肥料を使わない米の自然栽培や有機栽培の技術が進んでいるので、更なる技術革新により安全な米の生産拡大を目指すことができる。

アメリカはTPP参加と農薬に強い遺伝子組み換え（GM）作物の自由化とを抱き合わせで日本の農薬基準のいっそうの緩和を求めている。世界最大のGM種子メーカーのモンサント（米国）は最大の農薬化学メーカーでもあり、インド、メキシコをはじめとして世界中で個性豊かな農業を破壊してきた[35]。TPP締結を強く訴えている米倉経団連会長は日本最大の農薬メーカー住友化学の会長であり、住友化学は2011年モンサントと自社農薬の米国での販売契約に調印した（日本経済新聞 2011.3）。日本農業の安全と根幹を破壊しようとするTPPを許してはならない。

7-2　送電線からの超低周波電磁波は子どもの白血病や脳腫瘍を増加させる

「送電線からの超低周波電磁波による慢性暴露により小児白血病の発生リスクが3倍、脳腫瘍リスクが2.4倍で、電線に近づく程リスクが高くなる」という疫学調査結果を米国の女性科学者ワルトハイマーが1979年に発表した。1993年にスウェーデンのカロリンスカ研究所、1997年米国国立がん研究所の疫学調査は、高圧送電線の近くに住む子どもに0.2～0.4マイクロテスラ（2～4ミリガウス）以上で白血病が多発することを確認した。このような流れの中で保守的なWHOも各国に更なる調査を委託・勧告した[36]。

スウェーデン政府は1993年の自国の疫学調査結果を受けて、民家の上を走る送電線を撤去した。日本では、現在でも密集した民家の上を送電線が走っている。送電線下の生活で電磁波過敏症になった人などの健康被害が出ている。その訴えを裁判所は却下している。

WHOの委託で始まった日本初の超低周波による健康影響についての疫学調査は、1999年にWHO国際EMFプロジェクトメンバーだった兜真徳（国立環境研究所）をリーダーとして文科省科学研究費の支援も受けて、5年計画

で始まった。全国の15歳以下の子どもの54％をカバーする兜等の地道できめ細かい調査（小児白血病患者の子ども部屋の電磁波を1週間計測、同じ居住地の対照の子ども数を白血病患者の2倍とするなど）の結果は、0.4マイクロテスラ（4ミリガウス）以上の電磁波を恒常的に暴露すると小児急性リンパ腫（ALL）のリスクが4.73倍高まるという衝撃的なものだった。文科省は2001年の中間報告で研究費を打ち切り、2007年に研究報告書から兜等の報告を削除した[36]。兜等のこの疫学調査最終結果は2006年国際的がん学会誌に掲載され国際的に高い評価を受け[37]、翌年出されたWHOの「電磁波による新環境保健基準」にも影響を与えた。新基準は、「0.3～0.4マイクロテスラ（3～4ミリガウス）以上では小児白血病の発生率が上昇する」という多くの疫学調査で見られる共通した結果を支持するとして、この慢性被曝の影響を初めて認め、電磁波等の発生をできるだけ減らす予防対策が必要だとしている。しかし、その具体的な数値目標を定めていないが、(1)電磁波レベルの表示を義務づける、(2)法律の整備を勧告している。防護対策例としては、独自の数値基準を設けて高圧送電線から学校や住宅地を引き離す規制をしている例を表にして挙げている[36]。経産省は2011年10月、短期的影響として200マイクロテスラを規制値とした。長期的規制はしない方針だ。

　兜等の疫学調査はまた、送電線からの電磁波が0.4マイクロテスラを超えると子どもの脳腫瘍リスクが10.9倍になると警告している[37]。

　電磁波による胎内被曝も起こっている。カナダのグループの疫学調査によると超低周波電磁波に妊娠直前または妊娠中にさらされた母親から生まれた子どもには、脳の支持細胞の1つであるアストロサイトのがん（アストログリア）の発症率が2.3倍高まる（P. Li et al. Cancer Causes Control. 2009）。脳の発達が盛んな幼児や子どもの脳は電磁波に特に感受性が高い[38]。

　がん以外の健康被害には、頭痛や動悸、吐き気、疲労感、不眠、思考力や記憶力の低下、うつ病や自殺願望がみられる。自立神経失調症による高血圧や動脈硬化と診断された人もいる。これらの症状には、上述した放射線や農薬による症状とオーバーラップするものが多い。

　電磁波による健康被害の分子メカニズムに「メラトニン仮説」がある。メラトニンは脳の中央にある松果体でセロトニンから合成され分泌される。睡眠と覚醒のリズムを調節する重要なホルモンで、これの不足は不眠の原因に

なり乳がんのリスクを高める。細胞培養系ではヒト乳がん細胞 MCF-7 の増殖を抑制する。セロトニン欠乏説は、弱い電磁波はこの抑制をブロックし MCF-7 細胞の増殖を助けることから、1985 年米国の Stevens が提唱した仮説である。メラトニンの抗がん作用はそのフリーラジカルを捕捉することによるものと考えられてきた。電磁波による阻害効果の分子メカニズムは不明だったが、2001 年に石堂と兜が分子生物学的手法を用いてその初期過程を明らかにした [39]。メラトニンは MCF-7 細胞膜上のメラトニン受容体 1a に結合した後、1a は G 蛋白質と相互作用する。次に G 蛋白質はアデニールシクラーゼを活性化する。活性化アデニールシクラーゼにより燐酸化された蛋白質は細胞質から細胞核に移行し標的遺伝子の発現をオンにし情報を伝える。磁界はメラトニン→メラトニン受容体 1a → G 蛋白質→アデニールシクラーゼへの情報伝達の流れ（カプリング）をそれぞれの蛋白質を直接傷つけることなく経路を遮断してしまう。

　この遮断に関与する分子を同定しようとしたが研究費が打ち切られてしまった。リガンド（ここではメラトニン）と受容体を介するこれらの蛋白質の膜での相互作用は、スフィンゴ糖脂質とコレステロールが豊富なラフトと呼ばれるマイクロドメインを足場として起こることが知られている。脂質の過酸化などにより生ずる脂質構造変化等も考えられる。遮断分子の同定は電磁波防御にとって重要な課題である。

　ヒトに最も近いヒヒを電磁波で不規則に暴露すると、メラトニン濃度が急減し不眠を起こすことがウオルター・ロジャーズにより報告された（Bioelectromagnetics 特別号 1995）。

　電磁波によるヒトの不眠が動物実験で再現された唯一の例である。連続的な曝露では起こらないことから、電磁波の不規則暴露で脳内におこるメラトニン合成を抑制する因子の探索は興味深い。

7-3　携帯電話と基地局鉄塔による健康被害

　2011 年 6 月 2 日、WHO 傘下の国際がん研究機関（IARC）は報告書を発表し「携帯電話は特定の脳腫瘍を起こす可能性がある」として、携帯電話を発がん物質のランク付けで 3 番目のグループ 2B (possibly carcinogenic) に登

録した（Lancet Oncology 12, 624-626. 2011）。2Bの発がん率は約30％である。過去に2Bに登録され現在ランク1（truly carcinogenic）に格上げされたものにアスベストがある。報告書では、30 kHz～300GHzの周波数の携帯電話を子どもが使用した場合に、エネルギーの蓄積は脳では大人の2倍、頭脳の骨髄は10倍になること、脳腫瘍のグリオマや骨髄腫瘍、耳の聴神経腫瘍が発生することを報じている。IARCは、限定的としながらも、既知の発がん物質と携帯電話の周波数との組み合わせで発がん率が上昇するという、複合汚染を示唆する4つの研究結果を挙げている。この電磁波による発がんのメカニズムについては、遺伝子毒性にくわえて、免疫機能、遺伝子と蛋白質の発現、細胞情報伝達系、酸化ストレスや計画的細胞死（アポトーシス）への影響も考えられるとしている。血液・脳関門や脳の多様な機能への電磁波の影響を検討する研究の必要性を指摘している。

2011年、東京女子医大・山口直人グループは疫学調査により、携帯電話の使用が1日平均20分以上で1年間、5年間使用した場合の聴神経腫瘍のリスクを、携帯電話を使わない人のそれぞれ2.74、3.08倍と報告した（Y. Sato et al. Bioelectromagnetics 32, 85-93. 2011）。

携帯基地局や鉄塔が出す電磁波や低周波数による健康被害を訴える人が増えている。症状としては、震動感、頭痛、手足のしびれ、疲労感、視力の低下、不眠など送電線被曝の症状と似ている。フランスでも基地局から300m以内に住む人にも同様の症状が出ている[36]。タンポポやシロツメクサなどの野草に限らずキュウリやハーブにも形態異常が起きている。チェルノブイリ事故の放射線で起きた植物形態変化と相応する。

米国とデンマークの2大学の共同研究により、妊娠中携帯電話を1日2～3回使用していた妊婦の54％の子どもに注意欠陥・多動性障害（ADHD）や感情障害がおきていることが判明した。

携帯電話を腰ホルスターや腰ポケットに入れていると精子数の30％減少や精子の濃さと質の低下が報告されている（ハンガリー、チェコ）。日本でも20代の青年の精子の減少が知られている。

慢性疲労症候群（CFS）がOA機器や携帯電話から出る電磁波による可能性を指摘して治療効果を上げているのは神戸市の小川良一医師である。まぶたの上にある眼動脈の1秒当たりの流速速度を「超音波ドップラー法」で測

定し脳血管障害の有無を判断している。小川医師は、慢性的低周波暴露により脳の血流低下がCFSの原因と考えている[36]。

欧州の研究グループが典型的な携帯電話の磁場が体細胞を傷つけDNAの損傷を大幅に増やすと報告している。しかし、詳しいメカニズムの研究は乏しい。

子どもの健康を守るために、インド南部のカルナタカ州では、学習能力、記憶や聴覚に有害として16歳未満の子どもに携帯電話の携帯を禁止している。イギリスでも同様で、欧州各国でも禁止しなくとも何らかの規制措置やガイドラインを講じている。日本では野放し状態で、大手メディアも被害をほとんど報じない。日本の電波防御基準は1,000 mW/cm²とEC（0.1）、フランス（1.0）と比べて10,000～1,000倍と緩すぎる。

日本の携帯電話3社の基地局（30万）は日本を電波網で覆っている。OA機器に溢れるオフィス、オール電化と称して電磁波に満ちあふれる家庭、外では携帯基地局や送電線からの電磁波、我々はまさに内と外から「電磁波スモッグ」に曝されて生活している。農薬と放射線被曝がこれに加われば、複合汚染は予想できないくらい大きくなる可能性が高い。環境政策の主流は「予防原則」でなければならない。健康リスクのあるものを被害が小さいうちに食い止めるために何が必要かが今問われている。

おわりに

自然に存在しないセシウム137などの放射能による低濃度で長期的内部被曝、自然に存在しない化学物質としての農薬による慢性的内・外被曝、非電離放射線としての低周波電磁波による長期的外部被曝、これら3者に共通な疾病としてがん、脳・神経系や免疫系の病気がクローズアップされた。更に、胎内被曝による新たな生命への脅威も3者共通して明らかとなった。これら3者による複合汚染が色々な組み合わせで発生すれば、その被害は、単純な足し算で表わすことのできない、量的にも質的にも予測を凌駕する大きさになるであろう。そのようなカタストローフを防ぐために、複合汚染を引き起こす要因を取り除くための忍耐強い戦いが必要である。

放射線汚染に限って言えば、チェルノブイリで起きたことは、フクシマで

も起こりうることと予想される。更に7節で指摘した複合汚染の可能性がこれに加わる。現在の政府の対応、御用学者と大手マスメディアの喧伝は、内部被曝を更に拡大させようとしている。経済的・政治的に制限される枠組みの中で、我々の未来の希望の担い手である子ども達の内部被曝を可能な限り小さくする道を選択すべきだ。我々はチェルノブイリと広島・長崎の原爆から学ばなければならない。真摯に学び、客観的事実から可能な具体策を見いださねばならない。政府に情報を開示させその真偽を確かめ、その情報を世界に発信して積極的に世界から知恵を借りることも必要である。福島は世界の問題でもあるのだから。

　最近、東北の瓦礫中に放射能に加え重金属、ヒ素やアスベストが検出された。これらの物質が焼却炉で1000℃以上で焼却されれば予想されない猛毒ガスが放出され、それによる健康被害も予想できない規模となろう。このような危険な瓦礫を全国で処理する政策を止めなければ健康被害は全国に拡大する。一番の被害者は感受性の高い幼児や子どもたちである。
　20年前の中川保雄氏の言葉が現在でも当てはまる。「人類が築き上げて来た文明の度合いとその豊かさの程度は、最も弱い立場にある人たちをどのように遇してきたかによって判断されると私は思う」。[40]

福島の子どもに良性甲状腺がんが見つかる、緊急の精密検査の必要あり！

　2012年1月25日開催の第5回福島県民健康管理調査検討委員会（検討委と略す）で18歳以下の子ども3765人の甲状腺エコー検査の結果が報告された。甲状腺に5.1ミリ以上の結節（しこり）および20.1ミリ以上の嚢胞（のうほう）をもった子どもが26人（0.69%）いることが判明した。26人はいずれも6歳以上だった。しかし、「全て良性」と診断し、26人の精密検査や以後の注意深い経過観察は、全県のエコー検査が一巡し終わる2年後までは行なわない方針とした（『週刊文春』平成24年3月1日号、『読売新聞』2012年1月26日）。

　更に、検討委の座長であり日本甲状腺学会理事長でもある福島県立医科大学副学長山下俊一氏が、1月16日にすでに全国の日本甲状腺学会会員宛にメールで、「保護者の問い合わせや相談には、次回の検査を受けるまでの間に自覚症状等が出現しない限り追加検査は必要ないことをご理解いただきたい」

と要請していた。要請文の全文が学会ホームページに掲載されていることをレポーターのおしどりマコ氏の質問に答えて山下氏本人が認めていた。おしどりマコ氏に「3年もかけて検診している間に待たされて、甲状腺がんが見過ごされた場合」の責任を問われると、「よくわからない。責任という言葉は問題です。おかしい発言です」と山下氏は答えたという（同『週刊文春』）。

日経メディカルオンライン2012年3月13日号『特集　震災医療　成果と反省』「原発事故から1年、山下俊一氏に聞く」の記事で、山下氏は次のように発言している。「3765人に検査を行い、0.7%に2次検査を勧める5.1mm以上の結節を認めました。しかし現時点では放射線による影響とは考えにくく、大部分は元々あったしこりだと考えられます。また、29.7%に小結節や小嚢胞を認めました。今回の検査は、異常を拾い上げる基準にするものです。異常を早期にみつけられるよう、結節は5.0mm、嚢胞は20.0mmと厳しい基準を設定したため、やく3割で結節、嚢胞がみられましたが、これは通常の発生頻度と考えられます」。

ここで山下氏は2つの嘘を言っている。3765人の検査は初めてなので、元々あったしこりだと考えることは誤りである。また、『日本臨床内科医会会誌』（第23巻第5号2009年3月）に掲載された「放射線の光と影：世界保健機関の戦略」（以下、「光と影」と略す）における山下俊一（当時長崎大学大学院教授）の発言からは、3765人のうち3割の子どもが5.0mm以下の結節、20.0mm嚢胞を持つ頻度は通常ではなく異常である。「光と影」の「III. チェルノブイリ原発事故」（p534〜537）を中心にして彼の発言を箇条書きにまとめてみた。

1) チェルノブイリ20万の子どもの大規模国際共同研究疫学調査から、事故当時0〜10歳の子どもは、生涯続く甲状腺がんのリスクが起こることを証明した。

2) 思春期を超えた子ども、欧米と日本共に甲状腺がんの発症率100万人に1人。

3) エコー検査でわかったことは、1991年以降、大人ではさわれる結節（しこり）の100人に1〜2人はがんの可能性があり、子どものしこりは、その約20％はがんだった。

〔筆者コメント：子どもは大人の約10〜20倍感受性があると知っていた。〕

4) 小児甲状腺がん（超音波での見つかった1センチ以下数ミリ結節の小さい段

階）の約4割はすでに局所のリンパ節転移を起こしていた。
5) 甲状腺がんは放射線誘発性であり「乳頭がん」様の特徴がある。
6) 甲状腺がんのほとんどは、放射線による染色体（DNA）の二重鎖切断後の異常な修復で起こる再配列がん遺伝子が原因であることがわかった。
7) 5,000人の甲状腺がんが手術され、フォローアップできたのが740例。ハイリスクグループの検診活動、早期発見と早期診断を続けていく必要性がある。

〔筆者コメント：発言どおりに福島でも行なえないのはなぜか。〕

「光と影」の「Ⅵ. 現代の放射線影響問題」で山下氏は、日本での医療被曝、特にPET-CTによるがんリスクに言及した後で、「長崎・広島のデータから、すくなくとも低線量でも高線量でも発がんのリスクが一定の潜伏期を持って、そして線量依存性に、更に言うと被爆時の年齢依存性にがんリスクが高まるということが判明しています。主として20歳未満のひとたちで、過剰な放射線を被曝すると、10～100ミリシーベルトの間で発がんが起こりうるというリスクを否定できない。CT1回10ミリシーベルトと覚えると、年間被曝線量を超えるということがわかります」と語り、100ミリシーベルト以下でもがんが起こる可能性を認めている。

　福島県の汚染度が高い浜通りと中通り地区を合わせると18歳以下の子どもは36万といわれる。そのうち0.69％が良性甲状腺がんに罹ると単純に仮定すると約2500人に上る子どもががん予備軍となる。良性と診断された26人の精密検査と半年ごとの検査と、未検診の残り9割の子ども（自主避難している子どもも含めて）のエコー検査を国を挙げて早急に行なうべきだ。このまま放置しておけば今後、どれだけの多くの子どもたちが甲状腺がんや様々の疾患でその未来を奪われるか大変心配である。
　検討委の放置の方針といい、セカンドオピニオンや追加検査を控えるよう要請していたことといい、圧倒的な権限を持つが責任は取らないとする山下氏を頂点とする検討委の医師のメンバーには医師としての基本的な倫理観が欠如していると言わざるをえない。事故当初から国家から遺棄され、最も弱き存在で、怒ることも、異議申し立てもできぬ子どもの最も基本的人権である命が、医師たちからも無視されようとしている。

以上から明らかなことは、山下座長個人で行なえる行為ではなく、政治的経済的利益を優先させる政府国家（福島県も含む）による人体実験という意図的な非人間的な行為が行なわれているということである。検査を行なうが治療は行なわない。67年前の広島・長崎での原爆被爆者に対する政府の対応は「検査はすれども治療はせず」であった。今また同じことが、自らの手で起こした原発事故でも行なわれている。フクシマを止められなかったわれわれ大人の子どもたちへの責務は、この国のこれまでのありよう、経済的価値が人の命よりも価値があるとする社会の仕組みを変えていく粘り強い戦いである。アメリカンインティアンの長老の言葉に、

　「われわれは、7世代あとの子どもたちからこの土地を借りているのだ。」

　脱原発の道こそ、この地上のもの言わぬ全ての生命が喜んでくれる道であり、われわれの歩むべき道であると確信する。

（付記）
1. 本稿は「物性研究 vol.97 no.6, 1239. (2012.3)」に掲載された論文「フクシマ原発震災について考える－核エネルギーの安全な利用はありえない－」（山田・大和田・渡辺）の大和田の稿に大幅に加筆、修正、削除したものである。加筆に橋本真佐男も参加した。

2. 内部被曝を軽減させるわかりやすく具体的な方法を書いてある、バベンコ等の「自分と子どもを放射能から守るには」＜チェルノブイリからのアドバイス＞　という本が最近刊行された[24]。

3. セシウム137の内部被曝による女性の生殖、健康の悪化は重要である。綿貫礼子編『放射能汚染が未来世代に及ぼすもの』を参照。[41]

4. 福島県立医大は2012年3月末までに実施した13市町村（双葉町、大熊町を含む）の子ども38,114人の甲状腺検査結果を公表した（『日本経済新聞』2012年6月29日夕刊）。シコリや囊胞が認められたもの（A2とB判

定）は 13,646 人、35.8％だった。前回より 5.1％増加である。この数字はチェルノブイリ事故では 4 ～ 5 年後の数字に相当する。異常に早い出現である。

【参考文献】

1) ラルフ・グロイブ / アーネスト・スターングラス『人間と環境への低レベル放射能の脅威』(The Petkau Effect, 肥田舜太郎・竹野内真理訳　p109) あけび書房（2011）
2) 山下俊一・鎌田實「福島原発の病巣」 緊急増刊「原発と人間」『朝日ジャーナル』(p126) 2011.6.5.
3) ジョセフ・ジェームズ・マンガーノ著『原発閉鎖が子どもを救う』(Radioactive Baby Teeth: The Cancer Link, 戸田清・竹野内真理訳) 緑風出版（2012）
4) J. J. Mangano and J. D. Sheman. An unexpected mortality increase in the United States follows arrival of the radioactive plume from Fukushima: Is there a correlation? *The Nuclear Industry and Health* 42, 47-64（2012）
5) ユーリ・I・バンダジェフスキー『放射性セシウムが人体に与える医学的生物学的影響：チェルノブイリ原発事故の病理データ』（久保田護訳）合同出版（2011）
6) アレキサンドル・ルミャンツェフ「チェルノブイリ事故の小児に対する長期経過の解析」（千葉市講演 PPT 2011.11.18）
7) エフゲーニャ・ステパノワ「チェルノブイリとウクライナの子供たちの健康：25 年の観察結果」（福島市講演 PPT 2011.11.11）
8) A.V. Yablokov et al. "Chernobyl: Consequences of the Catastrophe for People and the Environment", Annals of the New York Academy of Sciences , vol. 1181（2009）
9) Y.I. Bandazhevsky. Chronic Cs-137 incorporation in children's organs. *SWISS MED WKLY* 133, 488-490（2003）
10) 崎山比早子「放射性セシウム汚染と子ども被ばく」、『 科学 』7 月号 . 695-698（2011）
11) 医療問題研究会編『低線量・内部被曝の危険性―その医学的根拠―』耕文社（2011）
12) 吉川敏一監修「酸化ストレスの医学」診断と治療社（2008）
13) K. Morimura et al. Possible distinct molecular carcinogenic pathways for bladder cancer in Ukraine, before and after the Chernobyldisaster.*Oncol. Rep.*11, 881-886（2004）

14) A. Romanenko et al. Urinary bladder carcinogenesis induced by chronic exposure to persistent low-dose radiation after Chernobyl accident. *Carcinogenesis* 30, 1821-1831（2009）
15) S. Yamamoto et al. Specific p53 gene mutations in urinary bladder epithelium after the Chernobyl accident. *Cancer Res.*, 59, 3606-3609（1999）.
16) 肥田舜太郎・鎌仲ひとみ著『内部被曝の脅威―原爆から劣化ウラン弾まで』ちくま新書（2011.7）第 7 刷
17) A. Petkau. Effect of ^{22}Na on a phospholipids membrane. *Health Physics* 22, 239-244（1972）
18) A. Petkau. Protection of bone marrow progenitor cells by superoxide dismutase. *Mol. Cell Biochem*. 84, 133-140（1988）
19) C. ロガノフスキー「これから子供たちに起こること」『週刊現代』7/16-23.（2011）
20) M. Tondel et al. Increased incidence of malignancies in Sweden after the Chernobyl accident--a promoting effect? *Am J. Ind. Med*. 49, 159-168（2006）
21) W. Wertelecki. Malformation in a Chernobyl-impacted region. *Pediatrics* 125, e836-e843（2010）
22) 崎山比早子「チェルノブイリ大惨事による健康影響の実相：二つの報告から」『科学』11 月号．1156-1163（2011）
23) S.A. ドミトリエバ「植物群落の細胞遺伝学的・形態学的変化に関するモニタリング」（原子力情報資料室通信 No.256）
24) ウラジーミル・バベンコ／ベルラド放射能安全研究所（ベラルーシ）著（辰巳雅子訳、今中哲二監修）『自分と子どもを放射能から守るには』世界文化社（2011）
25) C. Shao et al. Targeted cytoplasmic irradiation induces bystander responses. *PNAS* 101, 13495-13500（2004）.
26) O.L. Belyakov et al. Biological effects in unirradiated human tissue induced by radiation damage up to 1 mm away. *PNAS* 102, 14203-14208（2005）
27) A. Bertucci et al. Microbeam irradiation of *C. elegans* Nematode. *J. Radiat. Res*. 50, A49-A54（2009）
28) C. Shao et al. Estrogen enhanced cell-cell signaling in breast cancer cells exposed targeted irradiation. *BMC Cancer* 30, 184-189（2008）.
29) L. Tartier et. al. Cytoplasmic irradiation induces mitochondrial-dependent 53BP1 protein re-localization in irradiated and bystander cells. *Cancer Res*. 67, 5872-5879（2007）
30) S. Chen et. al. Mitochondria-dependent signaling pathway are involved in the early process of radiation-induced bystander effects. *British journal of*

Cancer 98, 1839-1844（2008）

31) ジェイ・マーティン・グールド『低線量内部被曝の脅威』(The Enemy Within, 肥田／斉藤／戸田／竹内共訳) 緑風出版 (2011)
32) 荻野晃也『ガンと電磁波』技術と人間（1995）
33) 荻野晃也『危ない携帯電話』緑風出版（2002）
34) 船瀬俊介『悪魔の新・農薬ネオニコチノイド』三五館（2008）
35) エコロジスト誌編集部『遺伝子組み換え企業の脅威－モンサント・ファイル－』(アントニーF・F・ボーイズ／安田節子監訳、日本消費者連盟訳) 緑風出版（増補版 2012）
36) 松本健三『告発・電磁波公害』緑風出版（2007）
37) M. Kabuto et al. Childhood leukemia and magnetic fields in Japan: A case-control study of childhood leukemia and residential power-frequency magnetic fields in Japan. *Int. J. Cancer* 119, 643-650（2006）
38) T. Saito et al. Power-Frequency magnetic fields and childhood brain tumors: A case-control study in Japan. *J. Epidemiol.* 20, 54-61（2010）
39) M. Ishido et al. Magnetic fields (MF) of 50 Hz at 1.2 microT as well as 100 microT cause uncoupling of inhibitory pathways of adenyl cyclase mediated by melatonin 1a receptor in MF-sensitive MCF-7 cells. *Carcinogenesis* 22, 1043-1048（2001）
40) 中川保雄『放射線被曝の歴史』「技術と人間」（1991: 2011.10 複刊。明石書店）
41) 綿貫礼子編『放射能汚染が未来世代に及ぼすもの』新評論（2012 年）

第二章 地震と原発

――地震動の観測結果と地震動予測――

橋本真佐男

序　論

　地震大国日本にあって原発の耐震性は決定的に重要な問題である。このことは福島第一原発の事故によって明白である。国と東電は想定外の津波に全てを押し付けようとしているが、今もってこの事故に対する地震動（地震の揺れ）の影響は未解明である。東北地方太平洋沖地震の長く激しい地震動による配管破断によって「冷却材喪失事故」が起こったのか、またマークⅠ型格納容器は地震動に耐え得たのか、これが未解明の問題である（田中三彦、『世界』2012年1月号参照）。第2章で地震動を取り上げる理由はここにある。

　原発推進勢力はこれまで活断層の位置、長さ、地震規模（気象庁マグニチュード、M）を過小評価してきたし、また地震動の予測においても過小評価を常としてきた。ここでは原発耐震設計で行なわれてきた地震動予測の適否を考察する。

　マスコミでは原発の耐震性に関連して、「地震の最大加速度が何々ガルになる（ガルは揺れの強さを表わす単位）」といった報道がしばしばなされている。物体（燃料集合体、圧力容器、主蒸気管などの原発の諸機器）に作用する加速度にその物体の質量を掛け算すれば、それは物体に加わる力を表わすから、このような報道から読者は地震によって原発の諸機器に力が加わり、場合によってはそれらが破壊されるのだと考える。

　また「普通の家屋の固有周期は1秒程度であるが高層建築の固有周期は10秒に達するほど長く、長周期地震動に共鳴し大きく揺れる」と近頃よく報道されている。このように地震の影響を考えるときには、最大加速度に関する情報だけでは不十分で、建物や機器の固有周期を知らねばならないし、また地震波の周期に関する情報が必要なことがわかる。

　地震波には様々な周期の波が含まれており、それぞれの周期の波の強さ（振幅）は相互に異なる。地震波の周波数依存性を「地震波のスペクトル」という。「スペクトル」という言葉は虹の七色としてお馴染みであるが、これは光波をプリズムで分解し周期の異なる光に分けたものである。

　さて地震波の周期と建築物や原発の機器の固有周期が一致するとそれらは共鳴して大きく揺れ、場合によっては破壊が起こる。地震波が原発を襲う

と、機器はその固有周期に応じて応答し機器ごとに異なる加速度を受ける（力を受けるともいえる）。この地震波に応答して機器が受ける加速度の周期依存性を「加速度応答スペクトル」という。これは横軸に周期（単位、秒）をとり縦軸に加速度（単位、ガル）をとったグラフとして表わされる（横軸と縦軸をそれぞれ対数と通常の目盛にすることが多い）。原発の機器の固有周期は約0.02から0.4秒程度であるから、原発の耐震性を議論するときにはこの周期領域の加速度応答スペクトルが重要になる（なお加速度応答スペクトルの詳細は後の解説と付録を参照されたい）。

2006年9月に改訂された原発耐震設計審査指針（新指針）では、予想される地震動は「断層モデル法」と「応答スペクトル法」によって評価されることになっている。2008年に発表された各電力の耐震性バックチェックでは応答スペクトル法としては、「耐専スペクトル」(S. Noda et al., OECD-NEA Workshop, Oct.16-18,2002) が用いられている。聞きなれない「耐専」ということばは、社団法人・日本電気協会・原子力発電耐震設計専門部会の略号であり、ここが審議した経験的地震動評価手法を「耐専スペクトル」という。

東京電力は「耐専スペクトルは強震観測データに基づく単なる経験式ではなく、震源断層に関わる知見、波動伝播における減衰や地震基盤からの増幅特性に関する知見などを取り入れて、解放基盤における水平・上下地震動が評価できるように物理的に意味のある経験式に総合化したものである」といっている。

しかし要点を簡単にいえば、耐専スペクトル法（以後Noda法とする）では通常の震源距離を少し補正した等価震源距離（Xeq）と地震規模（気象庁マグニチュード、M）の単純な関数として地震動予測がなされている（付録を参照）。実際には周期0.02、0.09、0.13、0.3、0.6、1、2、3秒の加速度を計算し、これらの点を順次直線で結んで加速度応答スペクトルを描いている（例えば図7—1の破線のグラフ。ただしここでは周期1秒以下のみ表示）。この予測と観測結果を比較するとこの手法による地震動予測の限界が明らかになってくる。

1節では地震動の観測結果が震源距離とMの二つのパラメーターの単純な関係では説明できないことを示そう。次いで2、3節でNoda法の予測と実測の地震動（加速度応答スペクトル）が大きく乖離している実例を示す。4節のまとめをみれば、上記の東京電力の見解が誇大広告であることがわかる。

なお Noda 法の信頼性については次の資料も参照されたい（原子力資料情報室通信 415 号、若狭ネットニュース No.114 号）。

ここに載せた地震動の観測結果は、防災科学技術研究所・基盤強震観測網（KiK-net）のデータを解析ソフト waveana22 あるいは waveana4 で解析して得たものである。地震動のデータも解析ソフトも共にネット上で公開されている。

1節　単純ではない観測データ

(1) 余震（M6.1）が本震（M6.8）より強力

耐震設計において余震の影響は一般に無視されているが、新潟県中越地震（2004 年 10 月）の際に KiK-net 湯之谷地下観測点で得られたデータは余震

図1—1　新潟県中越地震の震源域の概略図

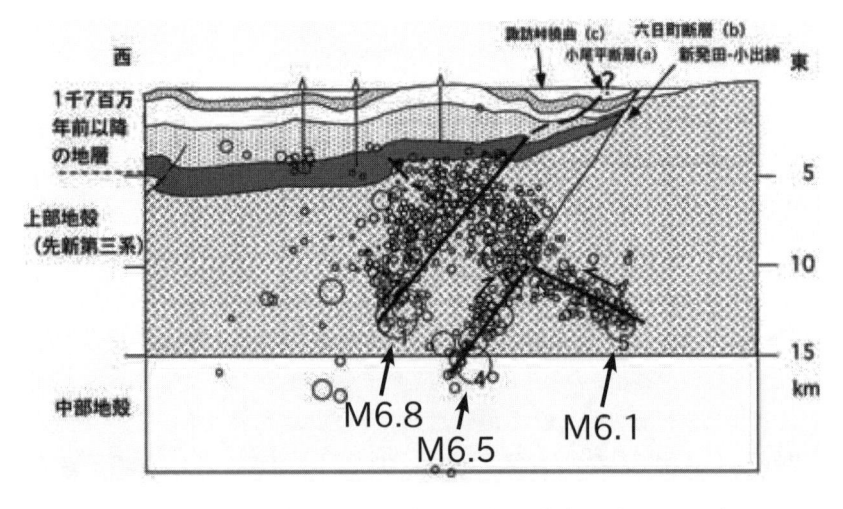

地質図の出典：平成 16 年新潟県中越地震被害調査報告会梗概集（2004 年 12 月 21 日）、p.21、平田直（東大地震研）「2004 年新潟県中越地震の本震と余震」。

が侮れないことを示している。湯之谷の地下観測点（図1―2の地図参照）で記録された加速度応答スペクトル（図2）を見ると、本震（M6.8）の約10％のエネルギーしかない余震（M6.1）の加速度は、周期0.1秒以下では1000ガルを越え、本震の場合の約2.5倍になっている。

周期0.1秒以下の短周期の地震動に共鳴して破壊されやすいPWR型原発の原子炉容器（支持構造物）や制御棒駆動装置などが本震で傷つき、そこに余震の大きな力が加わることも十分考えられる（原発の機器の固有周期については解説参照）。

新潟県中越地震では複数の断層が動いたと言われている（図1―1参照）。たとえ事前に地下構造を調査しても、M6.1の余震の震源位置や地震規模Mおよび湯之谷観測点における地震動を予測できるとは考えられない。

図1―2　新潟県中越地震の本震（M6.8）と余震の震央位置（・）と観測点の位置（X）

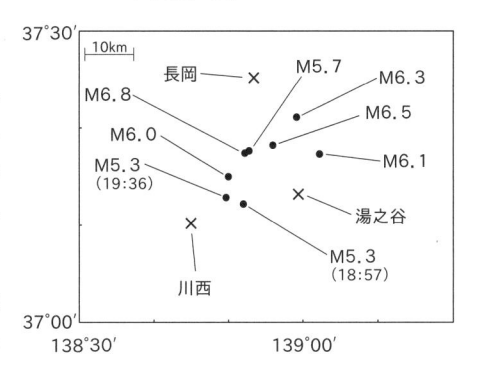

図2　湯之谷地下観測点（Vs＝780ｍ／s,深さ113ｍ）の観測加速度応答スペクトル

M 6.1 余震：震源深さ12km、震央距離9km、震源距離15km。M 6.8 本震：震源深さ13km、震央距離13km、震源距離18.4km。

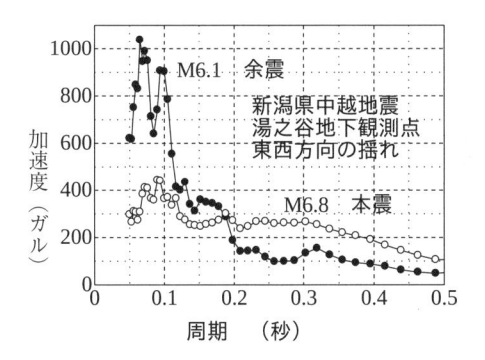

（2）遠くの余震（M 6.5）が近くの本震（M 6.8）より強力

新潟県中越地震のときKiK-net川西地下観測点で得られたデータ（後述の図7―1と図7―2。p.88）を比較すると、遠い小さな地震の方が影響の大きいことがわかる。上述のように一般に余震の影響は想定外になっているが、こ

図3 新潟中越地震本震（M 6.8）の湯之谷地下観測点（深さ113 m、Vs＝780 m /s）と川西地下観測点（深さ208 m、Vs＝850 m /s）での加速度応答スペクトル

川西：震央距離17km、震源距離21.4km、湯之谷：震央距離13km、震源距離18.4km。

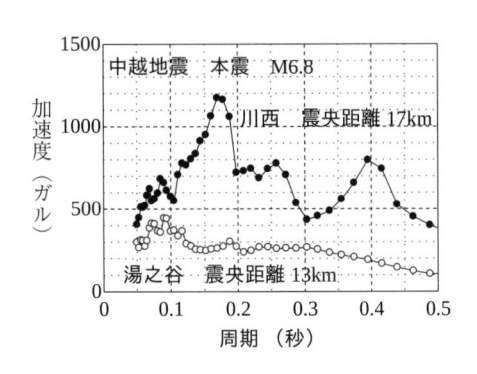

の例にも見られるように余震は決して安全上無視できない。

（3）遠くの地震の方が強力（例1）

新潟県中越地震の本震（M6.8）のとき、川西の地下観測点（震央距離17km）では湯之谷地下観測点（同13km）より大きな加速度応答スペクトルが観測され、特に周期が0.18秒付近では、川西で1200ガル、湯之谷で300ガルであった（図3）。

（4）遠くの地震の方が強力（例2）

敦賀市の北東で起きた小地震（M4.7）でも類似した現象が見られる（図4）。周期0.1秒以下ではKiK-net敦賀地下観測点（震央距離12km）で約50ガル、KiK-net小浜地下観測点（45km）で約100ガルの加速度が観測されている。これは、敦賀半島付近に多数分布している活断層帯の一つで地震が起こると、美浜より大飯や高浜の原発が大きな力を受ける可能性を示唆している。

（5）同規模で同距離でも地震動に大差（例1）

同規模（M 5.3）で震央距離もほぼ同じ二つの地震を同じ観測点で観測した例を図5に示す（二つのM5.3地震の位置については図1—2を参照）。

なお、M 5.3（1）の震源深さは8km、震央距離は11km、震源距離13.6km、M 5.3（2）の震源深さは11km、震央距離は9km、震源距離14kmである。このよ

図4　敦賀市北東の地震（M 4.7）の加速度応答スペクトル（東西方向）右図
□：敦賀地下観測点（震央距離12km、S波速度1160m/s）。●：小浜地下観測点（45km、2180m/s）。左の地図上の●印は震央位置。

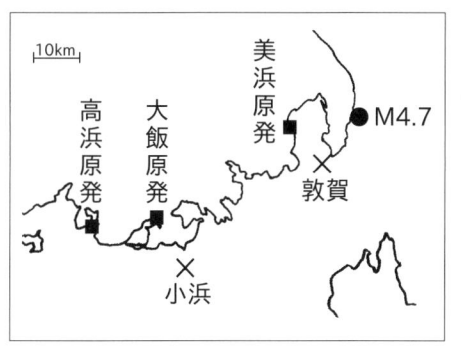

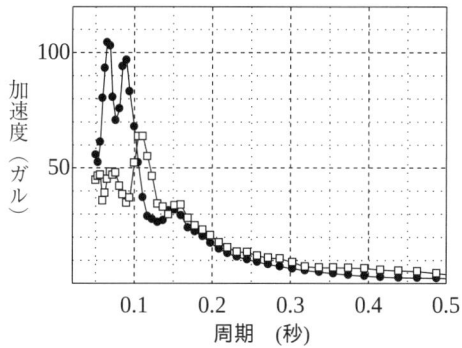

うにほぼ同じ条件でも、両者の加速度応答スペクトルの差は周期0.1〜0.5秒で約2倍、0.1秒以下では最大約3倍に達している。

(6) 同規模で同距離でも地震動に大差（例2）

能登半島地震でも同様の現象が見られる。図6は二つのM5.3の余震をKiK-net志賀地下観測点で記録した例である（観測点と余震の震央は図6—2を参照）。

距離の差（震央距離：32.6kmと27.8km、震源距離：32.6kmと30.7km）や震源深さ（0と13km）の差でスペクトルの違いを説明できるだろうか？　震源特性、伝播特性、

図5　川西地下観測点で観測された新潟中越地震余震〔M 5.3 (1) と M5.3 (2) の加速度応答スペクトル〕

EW：東西方向、R：川西地下観測点の震央距離。M 5.3 (1) と M5.3 (2) はそれぞれ図1—2のM 5.3 (18:57) とM 5.3 (19:36) に対応する。

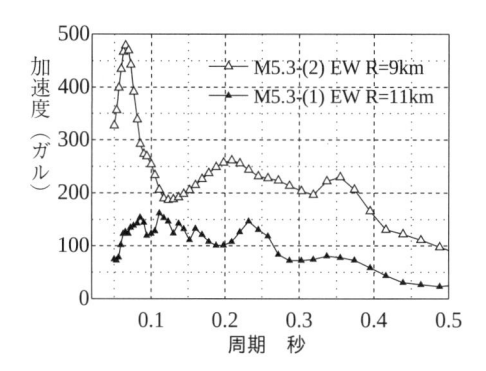

図6—1 能登半島地震、二つのM5.3余震の志賀地下観測点（深さ200m、Vs=600m/s）における観測加速度応答スペクトル

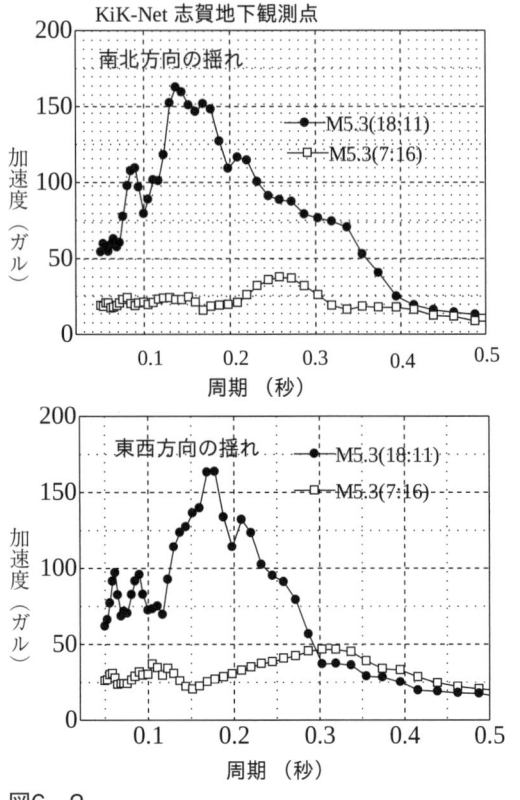

KiK-Net 志賀地下観測点
南北方向の揺れ
東西方向の揺れ

図6—2

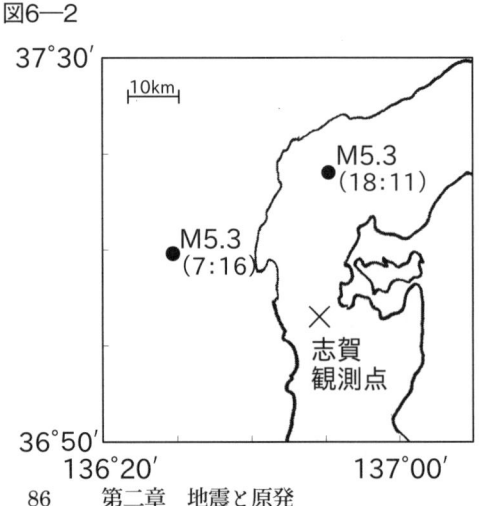

地盤特性（異方性も含む）で定量的説明が可能だろうか？

新耐震指針では応答スペクトル法と共に断層モデル法による予測を採用している。経験的グリーン関数法と呼ばれる断層モデル計算では、実測の中小地震を「要素地震」として取り入れる。

しかし、例えば、図4や図5あるいは図6の2つのどちらの小地震を「要素地震」として選択するのか、その基準はなく、選択は極めて恣意的になるであろう。この点だけ見ても断層モデルの信頼性に疑問が生じる。

なお、断層モデル法批判については若狭ネット120号（2009年9月23日）、121号（2009年11月29日）、123号（2010年2月28日）等を参照されたい（若狭ネットHP：http://www4.ocn.ne.jp./~wakasant/）。

2節　観測データと耐専スペクトルの比較

　この節では近年日本で観測された地震動とそれに対応する Noda 法による予測を比較し検討する。本論に入る前に 2、3 の留意点を先ず述べておく。
　Noda 法により予測された加速度応答スペクトルは耐専スペクトルと通常呼ばれているので、2 節以降ではこの慣例に従う。
　耐専スペクトルは、地下の岩盤の上部にある地層や構造物を除去し（はぎとり）得られる仮想的岩盤である「解放基盤表面」上で定義され、解放基盤表面上の地震波は「はぎとり波」とよばれる。従って耐専スペクトルは「解放基盤表面」の「はぎとり波」の地震動に対応していることになる。地震波の周期にもよるが、「はぎとり波」の強度は「はぎとり」を行なわない場合に比べて一般に 1.5〜2 倍程度大きい（石橋克彦編『原発を終わらせる』岩波書店、121 頁参照）。なおこの節では観測された加速度応答スペクトルについては「はぎとり」効果のないものを用いている。
　またこの節で扱う地震は、東北地方太平洋沖地震（M9.0）以外は、内陸地殻内地震（震源深さが 20km 程度まで）であり、この種の地震に対して文献〔Noda et al.（2002）〕では「耐専スペクトル（内陸補正あり）」を適用するとされている。しかしこの節では「耐専スペクトル（内陸補正なし）」のスペクトルを用いた。「耐専スペクトル（内陸補正あり）」は「耐専スペクトル（内陸補正なし）」の 0.6 倍であるから、もし前者を使えばさらなる過小評価が明らかになる。
　前節では周期の数値を読み取りやすくするためにグラフの横軸に普通の目盛りを使用した。しかし耐専スペクトルでは横軸が対数軸に規定されているので以後はスペクトル図の横軸（周期）に対数を用いる。

(1) 柏崎刈羽原発と志賀原発の観測データ

　東京電力の報告（2008 年 5 月 23 日）によれば、中越沖地震の際に柏崎刈

図7―1　本震M6.8（深さ13km）の川西地下観測点（深さ208m、Vs＝850m/s）の観測加速度応答スペクトル（東西方向）と耐専スペクトル

震央距離17km、震源距離21.4km。耐専スペクトル（破線）の等価震源距離（Xeq）は21kmと仮定。周期0.02秒の△印は加速度時刻歴波形の最大値。

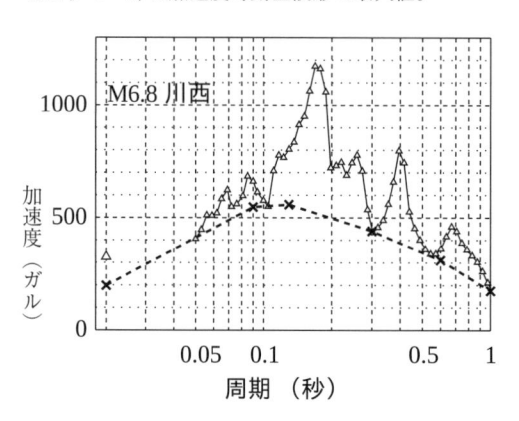

図7―2　余震M6.5（深さ14km）の川西地下観測点（震央距離22km、震源距離26km）の観測加速度応答スペクトルと耐専スペクトル（Xeq＝26kmと仮定。破線）

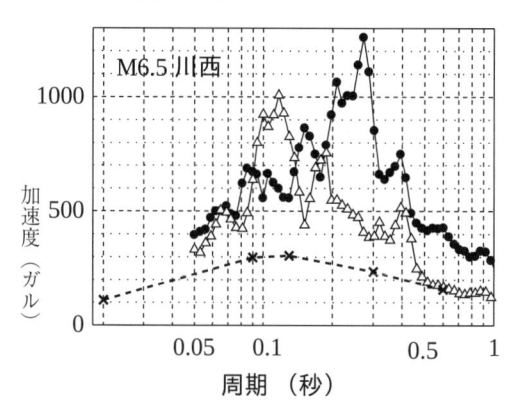

羽原発で得られた地震動のデータとNoda法による予測を比較し、観測加速度応答スペクトル（はぎとり波）が耐専スペクトルより大きいことを認めている。東電によれば、原発にとって重要な周期0.02～0.5秒の領域で観測加速度応答スペクトル（はぎとり波）が耐専スペクトル（内陸補正あり）の6倍（1～4号機側）になっている。ただしこれは一種の平均値であり、周期によっては更に大きい。このように東電の報告でも耐専スペクトルの過小評価が明らかになっている。

能登半島地震の際に志賀原発でも過小評価が明らかになっている。観測加速度応答スペクトル（はぎとり波）は、周期約0.15から1秒の間では約1.5～2倍である。このように北陸電力のデータも耐専スペクトルの過小評価を示している。

(2) 新潟県中越地震の観測例

本震M6.8と余震M6.5の川西地下観測点の観測加速度応答スペクトルおよび耐専スペクトルを図7―1と図7―2に示す。

本震（M6.8）の場合、図7―1のように0.05秒以上の全周期領域で観測値が耐専スペクトルを超え、周期約0.15では2倍を超えている。また本震のときKiK-net川西観測点（地下）で観測された加速度時刻歴波形の最大値（これは加速度応答スペクトルの0.02秒の加速度の値に対応する、0.02秒の△印）は約300ガルであり、Noda法の予測値（約200ガル、0.02秒の×印）の約1.5倍である（図7―1参照）。

図7―2のように、余震（M6.5）のときの川西観測点における観測加速度応答スペクトルは全周期領域で耐専スペクトル（破線）を超え、周期0.1秒付近では約3倍、0.3秒付近では約4倍になっている。

前に触れたように、川西観測点における本震（図7―1）と余震（図7―2）のデータを比較すると、余震（震源距離26km）の影響が本震（震源距離21km）を超えていることが分かる。周期0.1秒付近では、余震の約1000ガルに対して本震約500ガルであり、余震の地震動は本震のおよそ2倍に達している。

(3) 岩手宮城内陸地震 本震M7.2――一関西地下観測点のデータ

本震M7.2（震源深さ10～8km）の一関西地下観測点（深さ260m、Vs = 1810 m/s）の観測データの一部は耐専スペクトル（破線）を超えている（図8）。図8

図8　本震M7.2の一関西地下観測点の観測データと耐専スペクトル（破線）。加速度時刻歴波形の最大値は1036ガルである（0.02秒の応答加速度に相当）

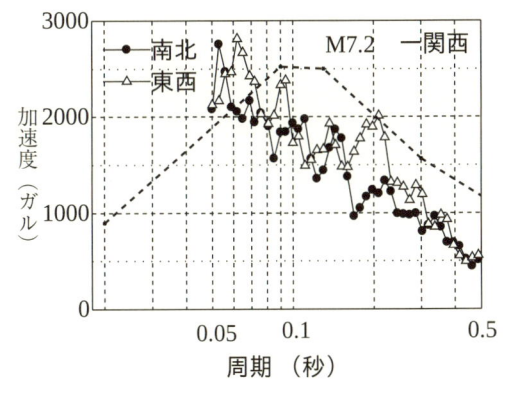

のデータを見ると、周期0.07秒以下の領域の加速度は周期0.1秒以上の領域の加速度に比べて顕著に大きい、即ち卓越している。この短周期側の加速度が卓越している領域で耐専スペクトルと観測データの乖離が明瞭になっている。はぎとり波を用いればこのことは更に顕著になるであろう。

なお観測点の震央距離は3km（震源距離約10km）であるから、この観測データは直下型地震に対応するものとみなせる。

岩手宮城内陸地震に関連して、中国電力の上関原発建設予定地（建設計画はまだ撤回されていない）を襲う可能性のある地振動についてふれておく。

上関原発建設予定地は巨大な海域活断層群の真っ只中にあり、しかも立地点の地盤は断層破砕帯の上にあり極めて脆弱である（原子力安全・保安院の第72回意見聴取会資料09－上関設C－07：上関原子力発電所意見聴取会指摘事項について参照）。

立地点から数km東にはM7.4クラスの地震が想定される活断層が走り、建設予定地は直下地震に襲われる可能性が高い。しかし中国電力の地震動想定には岩手宮城内陸地震で観測されたような短周期側の卓越や上下動が水平動を上回る事実（後述）などの諸特徴は全く考慮されてない。

（4）岩手宮城内陸地震　余震M5.7──一関西地下観測点のデータ

図9―1　余震M5.7の一関西地下観測点の観測データ（NS）と耐専スペクトル（Xeq＝23kmと仮定）。

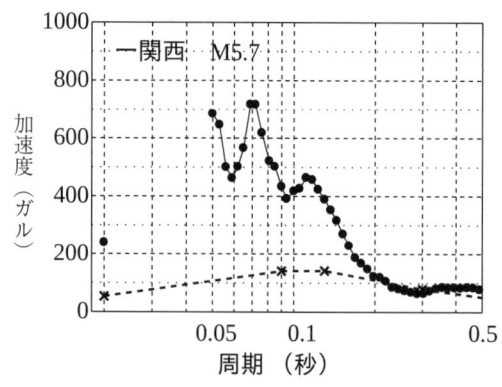

余震M5.7（震源深さ6km）の一関西地下観測点（震央距離22km、震源距離22.8km）の観測データ（図9―1の●）は耐専スペクトル（破線）をはるかに超えている。

本震は一関西観測点に対しては直下型地震であったが、ここに示した余震は震央距離が22kmであり、直下型地震ではな

いが、0.1秒以下の短周期領域の卓越は本震の場合と類似しており、短周期側の卓越は直下型地震特有の現象ではないことが分かる。

参考までに、図9—1の観測加速度応答スペクトルと比較するために、M7.2、Xeq = 23kmに対応する耐専スペクトルを計算すると以下のようになる。

周期（秒）／加速度（ガル）：0.02／250；0.09／680；0.13／680；0.3／457

図9—1の周期0.02、0.09秒にそれぞれ上表の250、680ガルをプロットし、両点を結ぶ直線を引けば、エネルギーがM5.7の約180倍であるM7.2の地震の場合でも、周期0.08秒以下ではM5.7の観測データの方が大きくなっていることがわかる。これもNoda法の破綻を示す一例である。

岩手宮城内陸地震の余震M5.3、震央距離2km（直下型）の一関西の観測結果（図9—2）にも類似した短周期側の卓越が見られる。

これは一関西の地盤特性に基づく現象のようにも見えるが、先述の湯之谷、小浜などでも0.1秒以下の周期領域での卓越が

図9—2 岩手宮城内陸地震余震（M5.3、震源深さ11km）の一関西（震央距離2km、震源距離約11km）における観測加速度応答スペクトル

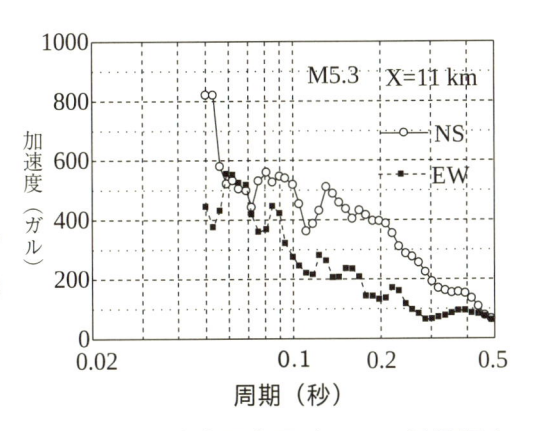

図9—3 三重地震本震（M5.4、震源深さ16km）の嬉野観測点（震央距離27km、震源距離約31km）における観測加速度応答スペクトル

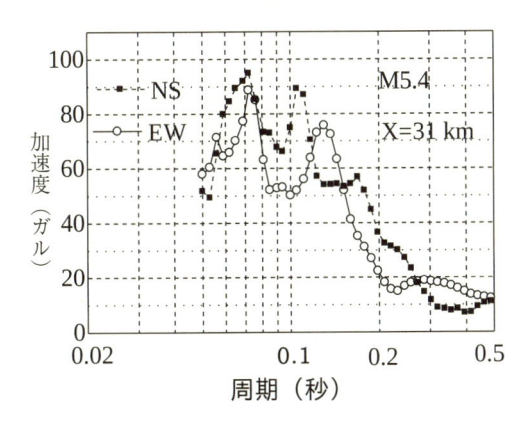

見られる。また三重地震M 5.4 の嬉野観測点（震央距離27km）のデータにも0.08 秒付近での卓越が見られる（図9—3）。

このように短周期側の卓越は特異ではなくしばしば見られる現象である。しかし耐専スペクトルは周期0.1 秒付近に頂点のある単純な山型であり、この事実を反映していない。この点もNoda 法が現実から乖離している例である。

PWR 原発の原子炉容器（支持構造物）、炉内構造物（炉心そう）、制御棒駆動装置ガイドチューブの固有周期は0.065 秒であり、BWR 原発では原子炉圧力容器、給水間の固有周期がそれぞれ0.086 秒、0.064 秒であるから、周期0.1 秒以下の領域の加速度応答スペクトルの卓越はこれらの機器の耐震性にとって重要である（表B1 と表B2 参照、p.101）。

(5) 能登半島地震本震M 6.9　柳田地下観測点のデータ

能登半島地震本震M 6.9（震源深さ11km）の柳田地下観測点（震央距離35km、震源距離36.7km）の観測加速度応答スペクトルを図10 に示す。観測加速度応答スペクトル（実線）は明らかに耐専スペクトル（破線）より2～3 倍大きく、周期0.1 秒以下で耐専スペクトルのような減衰は見られない。

図10　能登半島地震本震M 6.9 のKiK-net 柳田地下観測点（深さ103 m、Vs=810 m /s）の観測加速度応答スペクトルと耐専スペクトル（Xeq = 37km と仮定）

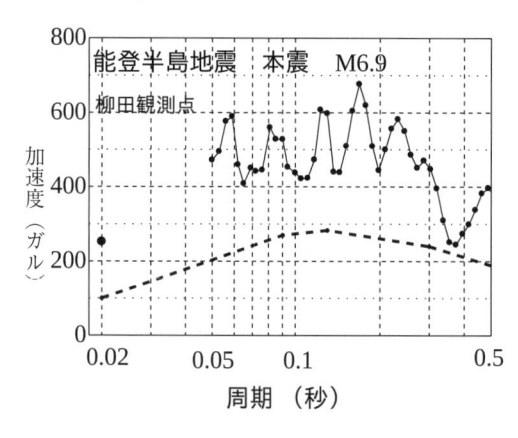

なおNoda 法では、Xeq = 37km のとき周期0.13 秒の加速度が約600 ガルに達するのはM 7.7 の場合であるが、その0.13 秒以下の加速度は次のようになる。実際の地震の16 倍のエネルギーを持った地震を仮定しなければ実測

を説明できないのが Noda 法なのである。

周期（秒）／加速度（ガル）：0.02 ／ 230；0.09 ／ 600；0.13 ／ 630

(6) 三重地震本震 M 5.4　芸濃地下観測点のデータ

三重県地震本震 M 5.4（震源深さ 16km）の KiK-net 芸濃地下観測点（震央距離 4km、震源距離 16.5km）の観測加速度応答スペクトルを図 11 に示す。震央距離が短くほぼ直下地震に相当している。観測データ（実線）は耐専スペクトル（破線）の 3 〜 4 倍になる。もっとも、Noda 法を M 5.4 に適用可能か否かは不明である（日本原子力研究開発機構が適用した例はある）。

なお X_{eq} = 16km の場合、M 6.8 を想定したときの耐専スペクトルは以下のようになる。

周期（秒）／加速度（ガル）：0.02 ／ 260；0.09 ／ 710；0.13 ／ 720；0.3 ／ 540

図 11　三重地震本震 M 5.4 の KiK-net 芸濃地下観測点（深さ 200 m、Vs = 990m/s）の観測加速度応答スペクトルと耐専スペクトル（X_{eq} = 16km と仮定）

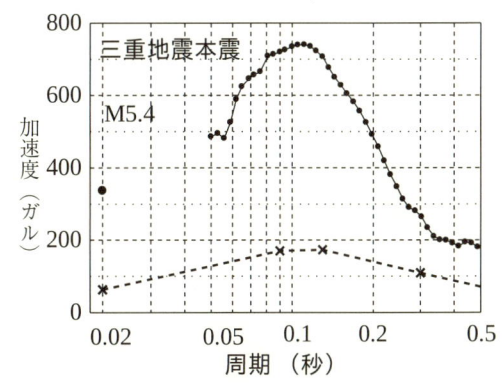

このように観測データ（図 11 の実線）は M 6.8（エネルギーは M 5.4 の約 130 倍）の地震にほぼ対応している。もちろんはぎとり波を使えば想定する M は更に大きくなる。

(7) 東北地方太平洋沖地震　M 9.0　3・11 の地震

KiK-net の唐桑、志津川、都路の各地下観測点の位置と観測加速度応答スペクトルを図 12 に示す。各観測点の深さと S 波速度は、唐桑（120m、2630m/s）、志津川（105m、2670m/s）、都路（深さ 103 m、S 波速度　3060m/s）であ

図12 KiK-net 唐桑、志津川、都路の各地下観測点の観測加速度応答スペクトル

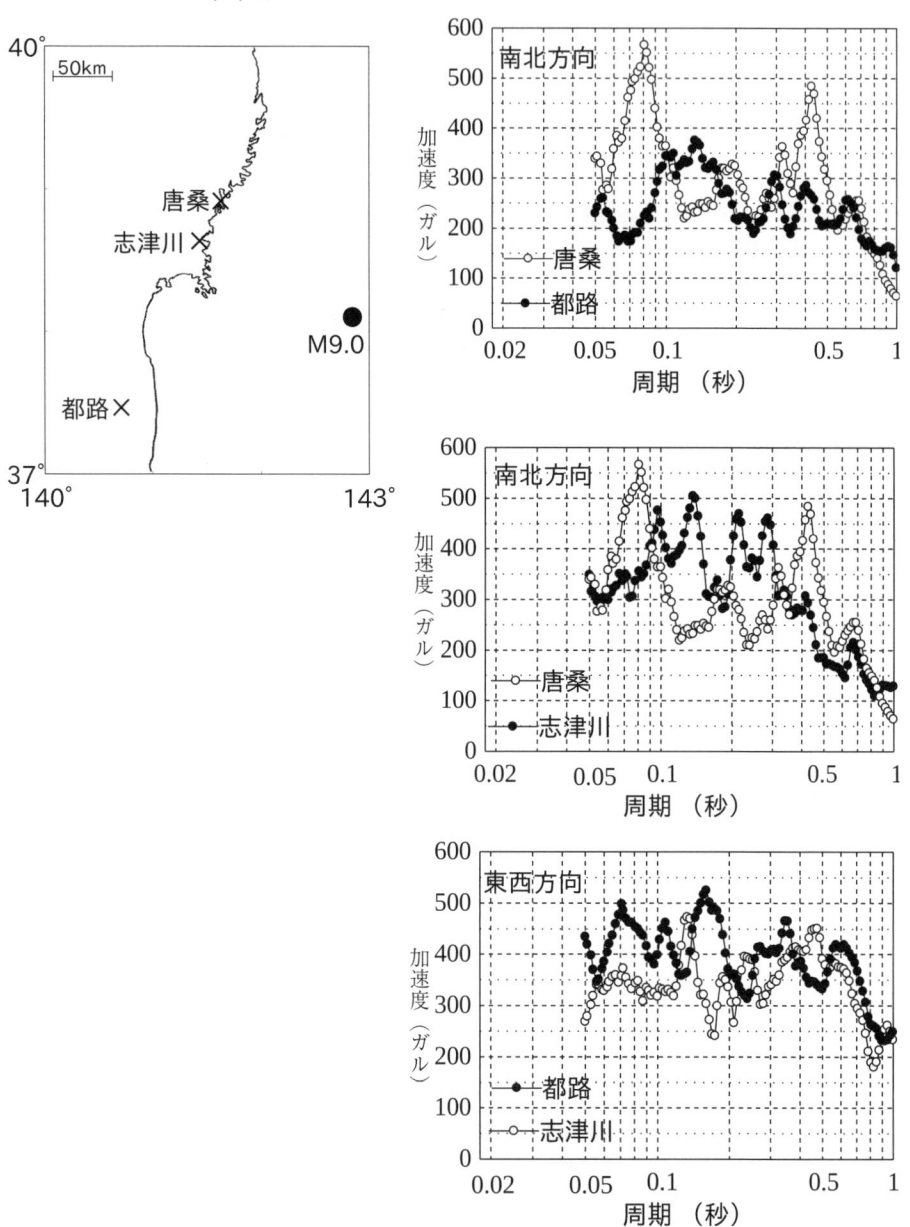

94　第二章　地震と原発

り互いによく似た性質の岩盤であるから相互のデータの比較に都合がよい。

　報道などではしばしば最大加速度（加速度時刻暦波形の最大値）を比較する議論が行なわれる。しかしこれだけでは地震動の特徴を把握するには不十分であり、加速度応答スペクトルを検討せねばならない。

　唐桑と志津川の震央距離はほぼ同じ（140kmと138km）であるが加速度応答スペクトルは大きく違う。唐桑では周期0.1秒以下と約0.4秒付近が卓越しているが、志津川ではそのような特徴は見られない。周期0.1から0.3秒の領域では志津川の加速度は唐桑の約2倍ある。

　唐桑（震央距離140km）と都路（同201km）を比較すると、震央距離のより長い都路の加速度が約0.1〜0.15の周期帯では大きくなっている。また両者の加速度応答スペクトルの周期依存性はまったく異なる。

　志津川（震央距離138km）と都路（同201km）を比べると、震央距離のより長い都路のデータが志津川のものを上回っている。周期0.15秒付近では2倍程度になる。この場合もまた両者の加速度応答スペクトルの周期依存性はまったく異なる。

　ここに見られる加速度応答スペクトルの違いを地震規模Mと震源距離の2つのパラメーターで再現できるとは思えない。太平洋側で起こる東海、東南海、南海地震、その連動型の地震の地震動の予測はまったく期待できない。

3節　原発耐震設計審査指針における地震動の鉛直／水平比

　新指針では縦揺れ（鉛直地震動）と横揺れ（水平地震動）の速度（あるいは加速度）の比（鉛直÷水平）は2/3（＝0.66）と仮定されている。この仮定（ここでは2/3仮定とよぶ）を実測と比較し検討してみる。

(1) 敦賀、湯之谷、志津川の観測データ

　図13の左は敦賀市北東の地震（M4.7）、中央は新潟県中越地震（M6.8）、右は宮城県北部地震（M6.2）の時に、それぞれKiK-net敦賀、湯之谷、志津川

図13 観測された鉛直速度（UD）と水平速度（NS）の比（UD ÷ NS）。水平の破線は UD ÷ NS = 2/3 を示す。

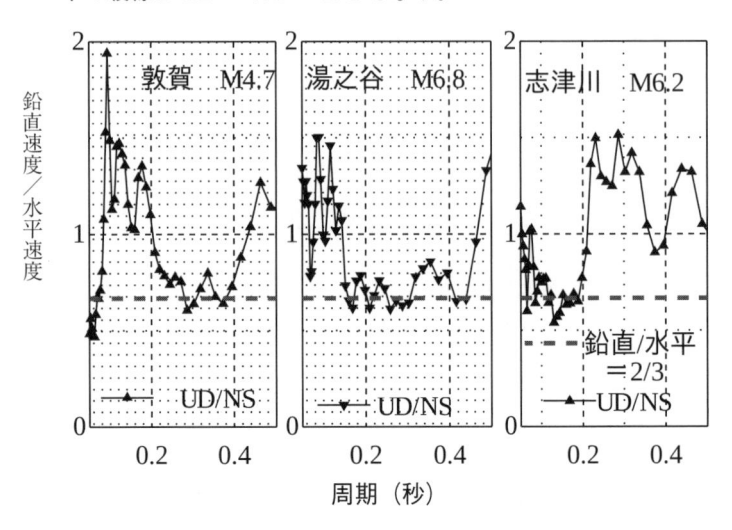

地下観測点で得られたデータである。

　この図の縦軸は鉛直方向速度（UD）と水平方向速度（南北、NS）の比（UD/NS）で、横軸は周期である。ここに挙げた例では、比（UD/NS）が2/3ライン（破線）をはるかに超え、上記の「2/3仮定」が成立せず、鉛直速度が水平速度の約2倍になる場合もあることを示している。

(2) 岩手・宮城内陸地震

　一関西の地下観測点で観測された水平方向（NSとEW）と鉛直方向（UD）加速度応答スペクトルを図14に示す。但しこの図では、水平方向の加速度は実測値の2/3（0.66）倍である。

　周期0.2秒以下では部分的に鉛直方向の加速度（●）が水平方向のもの（実測×0.66）を越えており、「2/3仮定」は成立していない。

　この問題に関連して防災研のレポート「2008年岩手・宮城内陸地震において記録されたきわめて大きな強震動について」には次のように記されている（要旨）。

(http://www.k-net.bosai.go.jp/k-net/topics/Iwatemiyaginairiku_080614/IWTH25_NIED.pdf)。

「KiK-net 観測点 IWTH25（一関西）での記録の特徴は、水平動が上下動より大きいことである。この特徴は表層地盤の増幅による影響を受けやすい地表記録のみならず、地中においても表われている。逆断層の直上における地震対策を検討するうえできわめて重要なデータである。今回のような大きな上下動がどのような被害に結びつくか、また、どのような対策が必要であるかを今後検討する際の重要なデータである。」

(3) 能登半島地震のとき志賀原発で観測された応答スペクトル

能登半島地震本震の北陸電力のデータ（2007年4月19日の北陸電力報告）を見ると、周期0.12秒付近、

図14 岩手・宮城内陸地震 M7.2 の一関西地下観測点の上下（UD）と水平（NS と EW）方向の加速度応答スペクトル。但し、水平方向加速度＝観測加速度×0.66。

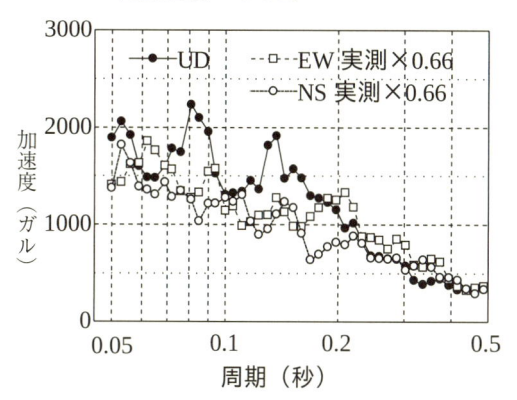

図15 能登半島地震 M6.9 の柳田地下観測点におけるデータ。上下方向（UD）と水平方向（NS と EW）の加速度の比較。但し、水平方向加速度＝観測加速度×0.66。

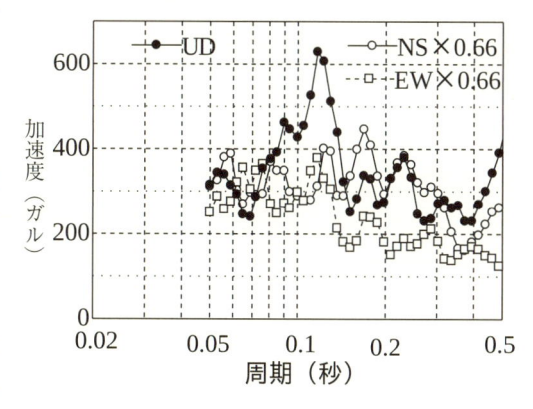

0.3 秒付近では縦揺れが横揺れを上回っている。このように周期によっては鉛直の揺れが水平の揺れを越える場合のあることを電力会社のデータが示している。しかし北陸電力の報告にはこの点に関する言及はなく、都合の悪いことには口をつぐんでいる。

(4) 能登半島地震　柳田地下観測点のデータ

　能登半島地震、柳田地下観測点の上下（UD）と水平（NSとEW方向）加速度応答スペクトルを図15に示す。但し水平方向の加速度は実測の0.66倍である。ここでも周期約0.08〜0.15秒の領域では明らかに「2／3仮定」が成り立っていない。

4節　まとめ

観測地震動とNoda法による地震動予測は大きくずれる

　耐専スペクトルはこれまでに示した例に見られるように周期0.09〜0.13秒の間にフラットなピークを持ち両側で減衰する単純な山型である。解説に載せた原発の固有周期の表（表B1と表B2）に見られるように、原発耐震性にとって周期約0.4秒以下の加速度の大きさが重要であるが、この周期領域の観測加速度応答スペクトルと耐専スペクトルと比べると、これまでの例のように両者の絶対値も周期依存性も大きくずれている。実測では、周期約0.1秒以下の加速度が相対的に大きくなっている場合も多くある。

　東京電力や北陸電力の報告ですら、耐専スペクトルが観測値（はぎとり波）の2分の1〜6分の1程度になることを認めている。これは震源距離が数十km以下の場合に著しいと思われる。この一因としてNoda法の基になっている観測データに近距離でM7クラスの地震データがないに等しいことが考えられる（原子力資料情報室通信415号、若狭ネットニュースNo.114号を参照）。東電データに見られるような6倍にもおよぶ「ずれ」を予測の単なる「ばらつ

き」と見なすことはもとより不可能である。もともと3個のパラメータ〔気象庁マグニチュードM、等価震源距離、サイトのS波速度（Vs）〕で複雑な近距離地震の影響を正確に予測するには無理がある。Noda法による信頼できる地震動予測は期待できない。

　東電の報告では耐専スペクトルと実測の大きな「ずれ」を、震源特性、伝播特性、サイト特性によって説明している。大きな「ずれ」を柏崎刈羽の特殊事情で説明するのであれば、全ての原発立地点でそれぞれの特殊事情を考慮しなければならない。しかし多くの原発立地点でその特殊事情を解明するために必要な近距離でM7クラスの地震の記録がなく、補正係数の求めようもないのが現状である。

　ここではNoda法の過小評価の例を取り上げたが、観測データと耐専スペクトルがほぼ一致する場合もあれば、観測データが耐専スペクトルの数分の1になる場合もある。電力側は後者の例を挙げて「Noda法は安全側の評価」といっている（原子力安全委員会耐震安全性評価特別委員会第6回地震・地震動評価委員会の添付資料　耐PT 第4-6-1号）。しかしこれらの事実は「耐専スペクトルと実測のずれが極めて大きい」こと、従って「予測には到底使えない」ことを示していると見るべきである。

　地震はそれぞれ個性的であり、耐震設計が依拠すべき地震動とその応答に対する信頼できる法則性は現状では解明されていない。私たちは地震に対処する有効で安全な設計基準と評価方法を持たないのである。

謝辞

　ここで用いた観測データはKiK-netの地下観測点で得られたものである。防災科学技術研究所に感謝する。

　2章の解説「応答スペクトル」は、原子力資料情報室から出版された『原発は地震に耐えられるか』（2008年3月発行）で橋本が分担した「地震動の大きさを、なぜ『スペクトル』で表わすのか」とほぼ同一内容である。今回の執筆を快諾いただいた原子力資料情報室に感謝する。

解　説　応答スペクトル

1　機器の固有周期

原発耐震性を議論するときに、次の表に見られるような機器の「固有周期」が問題になる。

表B1　志賀1号機（BWR）の施設の固有周期

施設名称	固有周期（秒）
原子炉建屋	0.201, 0.203
原子炉圧力容器	0.086
燃料集合体	0.198, 0.199
主蒸気管	0.153
給水管	0.064
残留熱除去ポンプ	0.033
残留熱除去系配管	0.136

能登半島地震を踏まえた志賀原子力発電所の耐震安全性確認に係る報告について（2007年4月19日北陸電力株式会社）

表B2　美浜3号機（PWR）の施設の固有周期

施設名称	固有周期（秒）
原子炉容器（支持構造物）	0.065
蒸気発生器（支持構造物）	0.141
炉内構造物（炉心そう）	0.065
一次冷却材管（本体）	0.141
余熱除去ポンプ（基礎ボルト）	0.05以下
余熱除去配管（本体）	0.102
原子炉格納容器（本体）	0.179
原子炉建屋（外部遮へい建屋）	0.273
制御棒挿入経路の機器	
制御棒駆動装置	0.218
ガイドチューブ	0.065
燃料集合体	0.345

関西電力株式会社「柏崎刈羽原子力発電所で観測されたデータを基に行う美浜発電所、高浜発電所及び大飯発電所における概略影響検討結果報告書」（平成19年9月20日）

この「固有周期」を周期運動するブランコについて考えてみる。

1）ブランコの固有周期

ブランコの鎖が長いとユラユラゆっくり揺れ（固有周期が長い）、短いとセカセカ小刻みに揺れる（固有周期が短い）。例えば、図B1、図B2に描かれている鎖の長さが1 mと1.8 mのブランコの固有周期を考えてみる。

ブランコの固有周期[sec]は、次式で表される。

$$T = 2\pi\sqrt{\frac{l}{g}}$$

ここで、lは「鎖の長さ[m]」、gは重力加速度で9.8 [m/sec^2]である。

公園などでよく見かけ

図B1　長さが1メートルのブランコ。固有周期は約2.0秒。

図B2　長さが1.8メートルのブランコ。固有周期は約2.7秒。

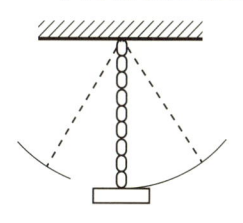

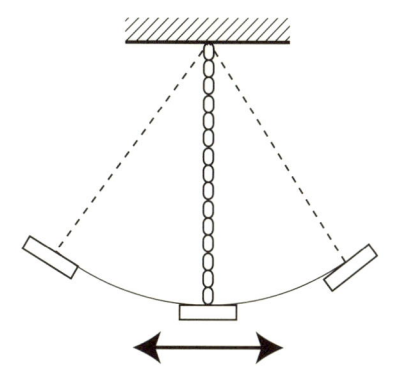

図B3　揺れ幅（振幅）が大きいほど座席の速さは大きい。

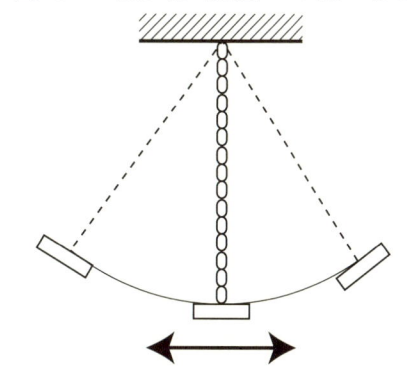

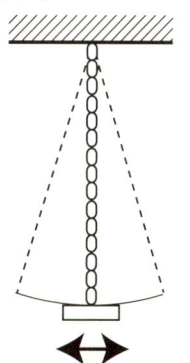

る鎖の長さ約1.8 mのブランコの固有周期は約2.7秒で、もし鎖の長さを1 mにすると約2.0秒となる。

　固有周期と同じ周期、またはこの整数倍の周期でブランコを押すと揺れ幅（振幅）が大きくなるが、それ以外の周期でブランコを押しても揺れ幅は大きくならない。故に図B1のブランコに約2秒の間隔で力を加えると揺れ幅がどんどん大きくなる。これを共鳴という。図B2のブランコの場合には、約2.7秒おきに力を加えると共鳴が起こる。

　鎖の長さが同じときには、振幅が大きいほど、一番下の位置を通過する時の速さ（速度）が大きくなる（図B3参照）。

図B4　板状のばねに錘をつけた装置　　図B5　図B4の装置を横から見た図。

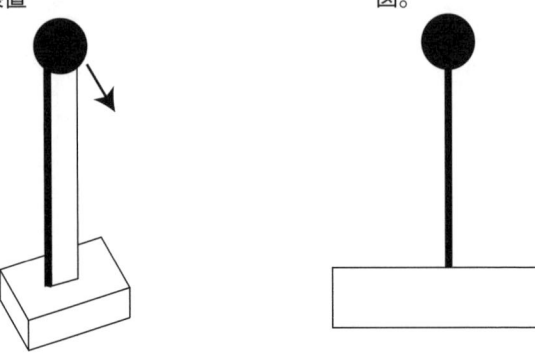

2) 板状のばねに錘をつけた振り子

　板状のばねに錘をつけた図B4のような装置に矢印方向の力を加えると、この板バネは一定の周期（固有周期）で振動する。

　図B5はこの振り子（振動子）を横から見た図である。長い板バネの方が固有周期は長くなる。原発機器をこのような振動子で置き換えることができる。

2　波の性質

　地震波の性質を簡単なモデルを使って考えてみる。

1) 周期の違う波

　図B6の上側の左右には、上から順に、周期が1、2、3……秒の波が描かれている。1は小刻みに揺れる（短周期の）波で、10はゆっくりと揺れる（長周期の）波である。これらは成分と呼ばれる。

　各成分（波）の上下の幅は振幅である。図B6下側の図は周期と振幅の関係を示している。左上の図では周期3秒と4秒の波の振幅が大きく、右上の図では周期7秒と8秒の波の振幅が大きい。

2) 波の足し合わせ

　図B6上側左の図および右の図で、周期1〜10秒の波を足し合わせると、

図B6　周期と振幅の違う波の重ね合わせ

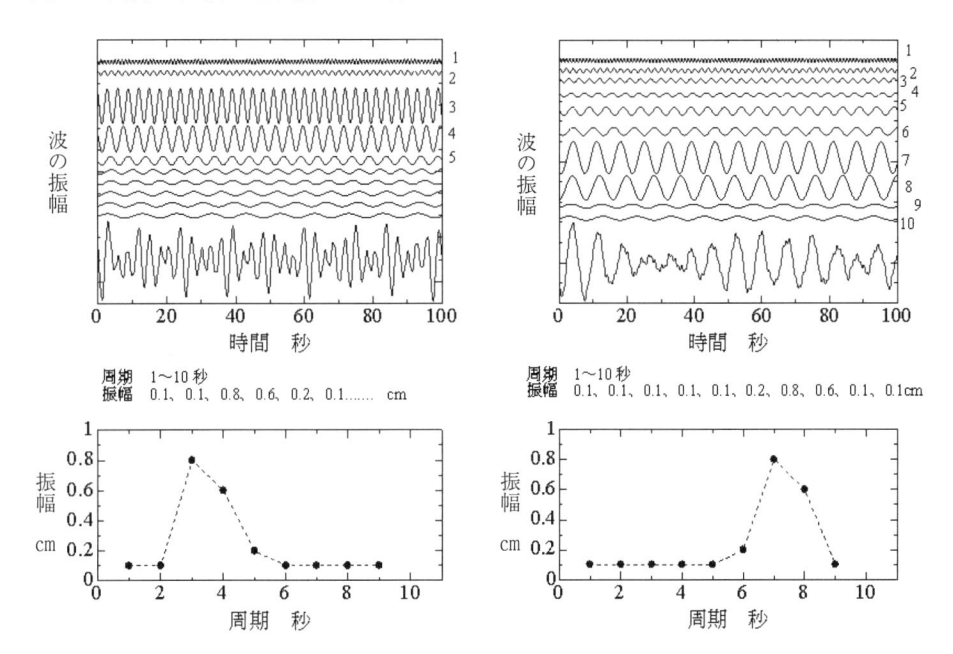

周期　1〜10秒
振幅　0.1、0.1、0.8、0.6、0.2、0.1……cm

周期　1〜10秒
振幅　0.1、0.1、0.1、0.1、0.1、0.2、0.8、0.6、0.1、0.1cm

図の一番下のような波になる。左右の図を比べると、成分の振幅が違うと足し合わせの結果（合成波）が違っていることが分かる。左の図では短周期成分が多く（卓越し）、右では長周期成分が卓越している。

このことを逆に考えると、図B6の一番下にある波は、それぞれ周期1〜10秒の成分の波に分解できることになる。

3）地震波

実際に観測される地震波は複雑な波形をしているが、色々な周期と振幅を持った成分に分解できる。

3　速度応答スペクトルのモデル

上で述べた合成波を地震波のモデルとし、このモデル波による機器の揺れの様子と、それに対応する速度応答スペクトルを模式的に示すと図B7のよ

うになる。

  1) 図B7Aの左右の波は、それぞれ図B7Bのような成分に分解できる。

  2) 図B7Bの左側では周期3秒の波の振幅が最も大きく、図B7Bの右側では、周期7秒の波の振幅が一番大きい。

  3) 図B7Cの振動子の固有周期は左から順に1、2、3....秒と仮定する。図B7Bの左側では周期3秒の波の振幅が最も大きいので、振動子の共鳴が最も激しく、図B7Cの左から3番目の振動子（周期3秒）の揺れが最も速くなる。

    従って、図B7Dでは周期3秒のところにピークが現われる。各振動子の揺れの速さをそれぞれの固有周期のところにプロットすると図B7Dの左側のグラフ（実線）になる。これを速度応答スペクトルという。

  4) 図B7Dの右側では、周期7秒の波の振幅が一番大きいから、速度応答スペクトルには破線のように周期7秒の位置にピークができる。

4　普通の目盛りのグラフと対数目盛りのグラフ

　速度応答スペクトルを両軸ともに普通の目盛りで描くと図B8の左側になり、両軸ともに対数目盛りで描くと右側となる。

　対数目盛りでは、数値が等間隔で並ばないのでグラフの値を読むのがややこしくなる。しかし原発耐震性の議論のときには、対数目盛りの図がよく出てくる。

5　加速度応答スペクトル

　耐震性の議論では、図B8のような横軸が周期で縦軸が速度のグラフとともに、横軸が周期で縦軸が加速度のグラフも出てくる。
　加速度と速度の間には
　加速度 = 2 × 3.14 × 速度 ÷ 周期

図B7　速度応答スペクトルと地震波の関係を表す模式図

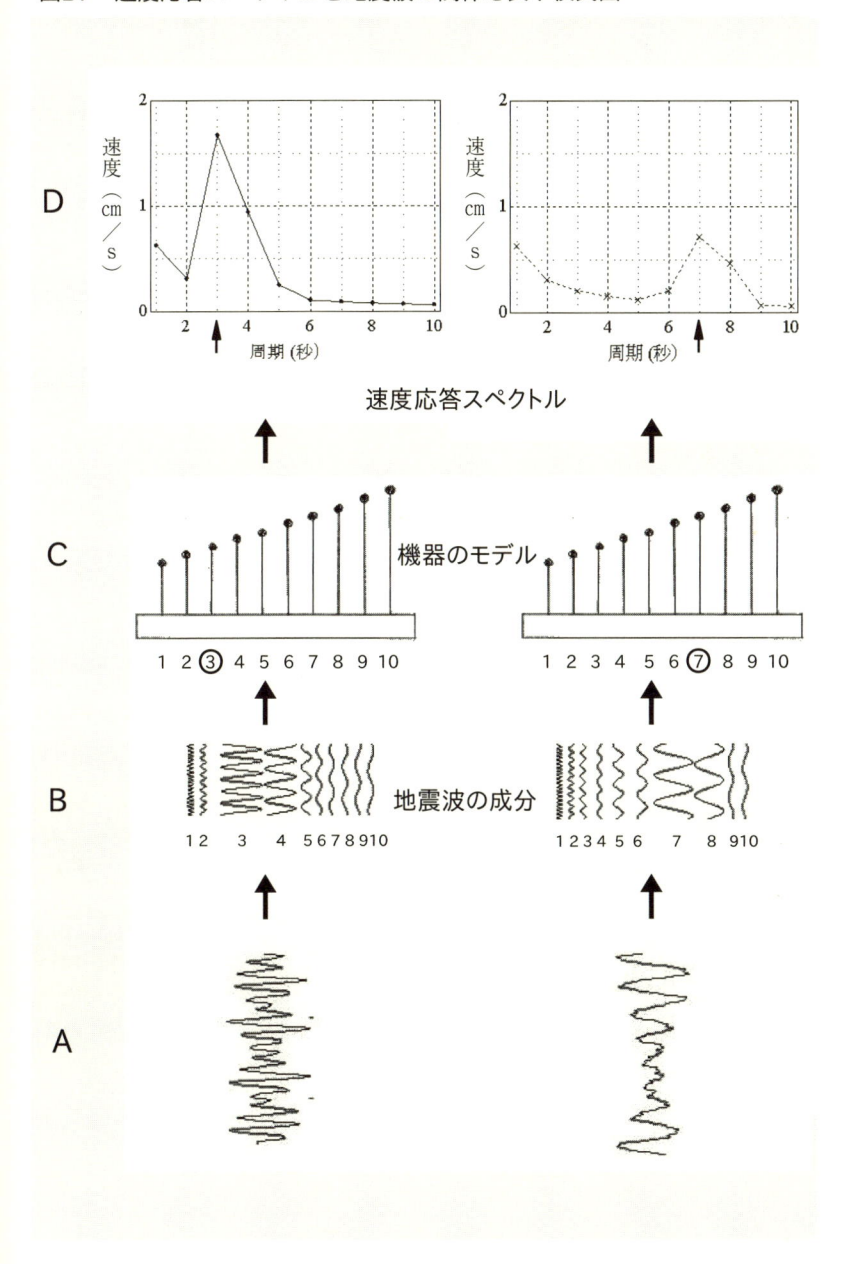

D　速度応答スペクトル

C　機器のモデル

B　地震波の成分

A

図B8　速度応答スペクトル
　　　左：普通の目盛りで描いた図　　　　　右：対数目盛りで描いた図

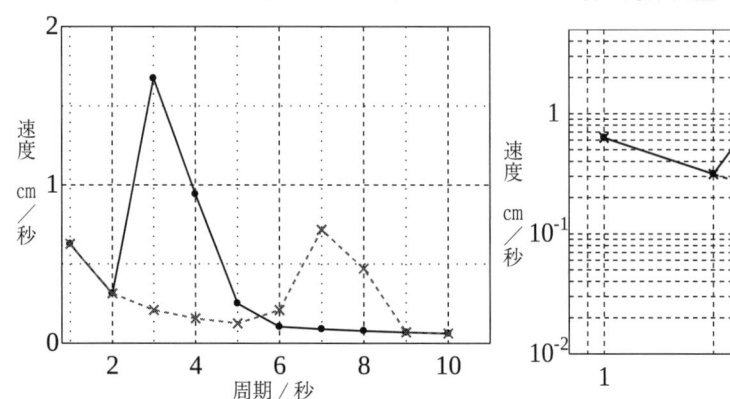

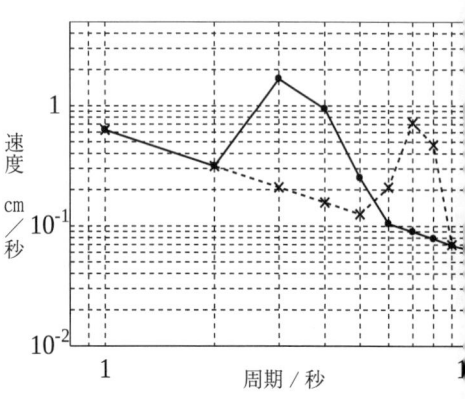

図B9　加速度応答スペクトル
　　　右側の図の横軸は対数目盛りになっている。加速度の単位はガル（cm/s²）

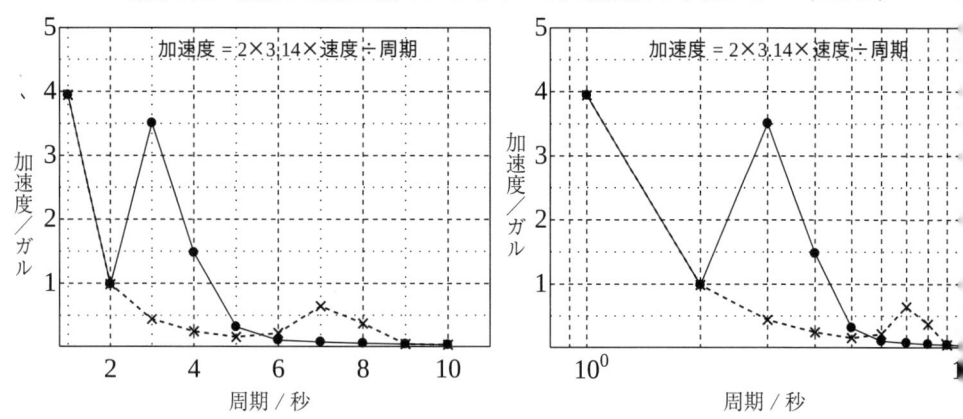

の関係がある。

この式を使って、図B8（周期対速度のグラフ）から図B9（周期対加速度のグラフ）を描くことができる。

6　速度応答スペクトルと加速度応答スペクトルの観測例

新潟県中越地震の余震（M6.5）のとき震央距離22kmのKiK-net川西地下

図B10　東西方向の速度応答スペクトル（左）と加速度応答スペクトル（右）

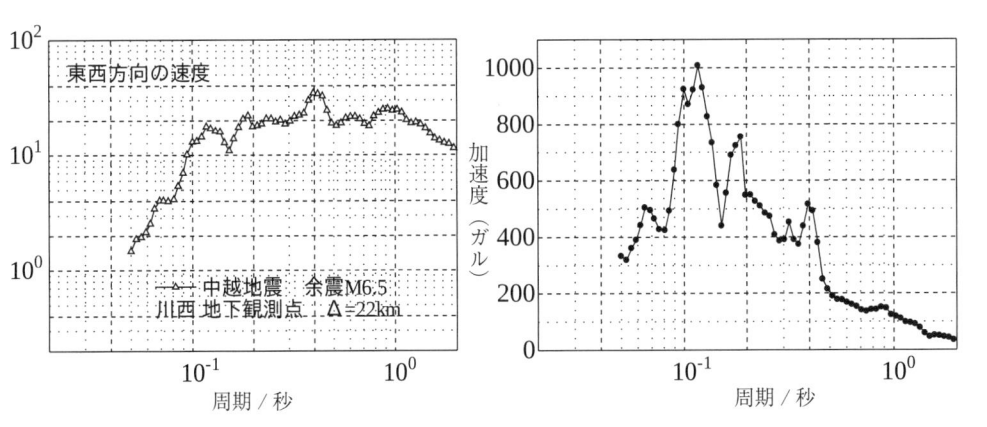

観測点で得られたデータを示す（図B10）。速度の単位にはカインがよく使われるが、カイン＝cm/秒である。

　図B8のモデルの速度応答スペクトルでは数値を分かりやすくするために、周期の範囲が1秒から10秒の図になっている。一方、実際に観測された速度応答スペクトル（図B10　左）では、周期の範囲は0.05秒から2秒になっている。

付録　耐専スペクトル

　耐専スペクトルの計算には、文献〔Noda et al. (2002)〕にある応答速度（pSv）と等価震源距離（Xeq）の関係の表、Xeq、観測サイトのS波速度（Vs、既知の数値）が必要である。Xeqは、震源断層の長さ、幅、傾斜、アスペリティの特性および観測サイトと震源断層の幾何学的位置関係が分かれば計算できる。

　なお耐専スペクトルについては、「若狭の原発の耐震性は確保されているか」および同付録「耐専スペクトルの簡単な説明」（原子力資料情報室通信、416号、2009年2月）を参照されたい。

　ここでは耐専スペクトルの近似計算法を次に記す。

表C1　耐専スペクトルのT＝0.02秒における加速度 y：XeqおよびM依存性

		\multicolumn{13}{c}{M}
		5.2	5.4	5.6	5.8	6	6.2	6.4	6.6	6.8	7	7.2	7.4	7.6	7.8	8
Xeq	7	118	146	181	224	278	345	428	530	657	815	1051	1355	1747	2252	2904
	10	80	99	123	152	188	232	287	355	438	542	689	877	1115	1418	1803
	12	65	81	100	123	152	188	233	288	356	440	556	702	886	1120	1414
	15	51	63	77	96	118	146	180	223	276	340	427	534	669	838	1050
	17	44	54	67	83	102	127	156	193	239	295	368	459	572	713	888
	20	37	45	56	69	85	105	130	161	198	245	304	376	466	577	715
	25	29	36	44	54	66	81	99	121	148	182	225	279	346	429	531
	30	22	27	34	41	51	62	77	94	116	143	177	219	271	336	416
	35	18	22	27	33	41	50	62	76	94	116	144	178	221	274	339
	40	14	18	22	27	34	42	51	64	79	97	120	149	185	229	284
	45	12	15	18	23	28	35	44	54	67	83	103	128	158	196	242
	50	10	13	16	20	24	30	38	47	58	72	89	111	137	170	210
	70	6.6	8.2	10	12	15	18	22	27	33	40	52	71	88	113	148
	100	4.4	5.2	6.1	7.4	8.8	10.4	12	14	18	21	29	39	53	72	100

ケース1（$Vs = 1.35 \sim 2.60$ km/sの場合）：周期0.09、0.13秒の加速度≒表C1の値 $y \times 2.7$、0.3秒の加速度 = $y \times 1.8$、0.6秒の加速度 = $y \times 1.2 \times 1.2$。このケースに対応する原発は、もんじゅ、敦賀、美浜、大飯、高浜、志賀、伊方、島根、玄海、川内、泊、東通、女川原発。

ケース2（$Vs = 0.7 \sim 0.87$Rm/s）：周期0.09、0.13秒の加速度≒表C1の値 $y \times 2.8$、0.3秒の加速度 = $y \times 2.4$、0.6秒の加速度 = $y \times 1.8$。このケースに対応する原発は、浜岡、福島第一、第二、東海第二、柏崎・刈羽、大間原発。なお、各原発サイトのVsの値については若狭ネット第116号、p.16を参照されたい。

第三章 原発に対する科学者の責任

――核エネルギーの安全な利用はありえない――

山田耕作

1節　はじめに

　科学・技術が進歩し、生産力が増大するにつれ、科学技術の社会的役割が大きくなる。人類の進歩は生産力の発展によって測られる。しかし、その一方、科学技術の持つ破壊力も増大し、その制御も困難な課題である。
　その重大事故が福島第一原発で2011年3月11日に悪夢のように、みるみるうちに至極簡単にあっけなく起こってしまった。これまで日本の反原発運動は少数派の運動から発展し、血のにじむような努力の末、支配層の攻撃に対抗して、日高・日置川、巻、珠洲、芦浜など全国各地で原発建設計画を阻止するまでに発展した。上関では長期にわたる粘り強い運動が建設を許していない。浜岡原発に対してはその停止に向けて静岡県内外の力が結集されてきた。更に、福島や福井の古い原発の停止が課題とされてきた。また、政府や各電力会社との交渉の過程で原発の危険性を国民の前に暴いてきた。しかし、残念ながら間に合わず、今回の福島原発事故は、多くの人を傷つけ、彼らの生活を破壊し、住み慣れた土地から追い出したのである。原発事故は子ども達を含め福島や汚染地帯の人々の未来への希望を奪おうとしている。このような現状において、その原因を徹底的に明らかにし、その被害をできるだけ減らし、起きた被害を救済し、今度こそ2度と事故を起こさないための確固たる決意と方針が必要なのである。この事故を見る前に亡くなった反原発の先輩達にわびると共に、生きてこの悲劇と苦しみを見た私たちは不退転の決意で原発を廃止するために努めなければならない。この間に蓄えられた反原発運動の知識と組織は今後の糧であり生かさねばならない。また、福島など被災地の人々の生活や人権を守る戦いを被災者と共に進める中で、未来を担うたくましい子ども達を育てていかなければならない。
　その決意の出発点として、フクシマ原発震災を分析し、核エネルギーの平和利用としての原発について徹底的に考察したい。放射線被曝の脅威の真実は如何なるものか。原発はエネルギーの生産手段として人類に幸せをもたらすのか、不幸をもたらすのか。安全な原発はありうるのだろうか。何故、我々

は努力したにもかかわらず、原発が廃棄できなかったのか。如何なる力が原発を社会的に推進しているのか。

科学は総合的でなければならない。原発もまたあらゆる側面からその本当の姿が明らかにされなければならない。

私は原発は本質的に危険なエネルギー生産手段であり、廃棄されなければならないと考える。安全な原発は幻想であり、ありえない。なぜなら、原子力の利用はあらゆる生き物を害する放射線被曝を必然的に伴うからである。

この観点から、本章では物理学会誌への投稿文2編と内部被曝を中心とした国際放射線防護委員会（ICRP）の見解を検討し、科学者が原発推進において果たしている役割について批判的に議論する。

2節　福島事故と物理学者の責任

まず、『日本物理学会誌』2011年6月号に私が投稿した「会員の声」を引用する。

会員の声　「福島原発震災に対する物理学者の責任は重い」

1　はじめに

2011年3月11日、マグニチュードMw9の大地震と大津波を受け、福島原発が炉心溶融を伴う破局的事故となった。すでにこれまで、女川、志賀、柏崎と耐震設計の最強地震を超える地震動が現実に観測され、耐震設計のもとになっていた大崎の方法[注1]に正当性がないことが誰の眼にも明らかになっていた[1]。チリ沖地震、スマトラ島沖地震や過去の津波の記録などから、津波も心配されていた。この一連の自然からの警告を無視して、政府、原子力安

[注1]　大崎順彦が作製した原発の耐震設計のための応答スペクトルの計算方法を記したメモ。指針が見直される（2006年）まではこの方法によって原発の耐震設計が行なわれた。

全・保安院は国策として原発を推進し、電力各社は運転を継続してきたのである。今回の原発震災は、原発の耐震性の明らかな欠如を無視して、地震動を過小評価して安全性を捏造してきた原発推進勢力の犯罪といってもよい過失の結果である。これはまぎれもなく人災である。私も1996年本会誌（『日本物理学会誌』）への投稿で「原発は阪神・淡路地震に耐えられるか」と題して「原発の耐震性の再検討を」訴えた[1]。私は原発は危険であり、即刻停止すべきであると考える。

2　物理学者の責任

かつて、原子力予算（中曽根予算）を契機に学者の国会といわれた学術会議は原子力、核融合を積極的に推進してきた。原子力の「平和利用」として物理学者が先頭に立って原発を積極的に推進してきた。例えば湯川秀樹氏の原子力委員就任、伏見康治氏の原発や核融合推進など、物理学者の原発推進に果たしてきた役割は大きい。それ故、私が世話人をしたことのある「物理学者の社会的責任」のシンポジウム等の場で、今は亡き久米三四郎氏や高木仁三郎氏から、物理学者は原子力平和利用三原則を作っただけで、以後の原発産業の拡大を容認し、協力したことに対してその責任を厳しく問われた。

事故は進行中であるが、1、2、3号炉の圧力容器が炉心溶融によって損傷し、底が破れ、炉心燃料が格納容器に落ち、放射性物質を閉じ込められないでいる。まだ水素爆発や水蒸気爆発、圧力容器の融解や再臨界の危機が去っていない。燃料プールの燃料棒も溶融し、放射性物質を放出している。放射能汚染の進行は労働者の被曝を拡大し、いっそう事故の解決を困難にしている。事故の規模はすでにスリーマイル島原発事故を越え、チェルノブイリ原発事故に匹敵する被害が出る危険性がある。故郷を追われ、困難な避難所の生活を余儀なくされている人たちがいる。農漁業をも破壊しつつある。これらに加えて、事故処理に当たっている労働者、消防、警官、自衛隊員等の被曝は深刻化している。

大多数の物理学者は地震のことを知らずして原発の運転を容認してきたのである。「原発は地震に耐えられるか」は一貫して住民から提出されてき

た疑問だったのである。原発を容認し推進してきた物理学者は科学者集団として解答する責任があった。物理学者は、その疑問を黙殺したり、安全性を「保証」してきたのである。想定外とはいえない。物理学者は、結果として政府、電力会社に協力して原発を推進し、自らは研究費を獲得し、社会的特権を維持してきた。物理学者の責任は重いと思う。学術会議会員を含む16名の緊急建言は、原子力の平和利用推進について陳謝はしているが、稼働中の全原発の即時停止を求めていない。これでは責任を取ったことにはならない。

3 被曝の容認を強制して原子力を推進

故中川保雄氏が20年前に残した著書『放射線被曝の歴史』は核被害者の立場から被曝の歴史を研究したものである[2]。その結論は国際放射線防護委員会（ICRP）など放射線防護の体制は、実は原子力の推進のために、人々に被曝の被害の容認を迫る原子力推進体制の一部であるということであった。

この結論のとおり、現在、マスコミに登場する原子力と放射線防護の学者たちは反省するどころか、放射線被曝がたいしたことではないかのような宣伝を一斉に繰り広げている。チェルノブイリ事故もたいしたことではなく、甲状腺がんが少し増えただけであったという言説が繰り返されている。しかし、原発事故を警告することに全てをかけた瀬尾健氏の詳細な分析によれば「70万人を超える生命が、チェルノブイリ4号炉たった1基の原発事故の代償として、支払われることになるのである」[3]。

自分が原因をつくったのであるから、自らが起こした被害の拡大を防止し、被害の大きさを正しく説明し、罪の深さを謝罪すべきなのに、それをわざと過小に評価し、隠そうとしているのである。撒き散らした放射性物質による内部被曝について意図的に触れず、すぐさま影響がでないと誤魔化している。過去の被曝研究による明確な真理がゆがめられている[4]。それは第一に、被曝線量に閾値はなく、これ以下なら安心とはいえないことである。低線量でも被曝量に比例して被害が出るのである。

更に、細胞分裂が活発な胎児、乳児、幼児はいっそう危険である。第二に自然に存在する放射性物質と人工の放射性物質の生物的影響の違いを無視し

ている。例えばカリウム40のような自然の放射性物質に対して、生物はその進化の中で生体内での代謝を早くし、体内に蓄積しないようにして防御している。

　一方、植物、動物は未知の人工の放射性物質を生体に必要な物質として非放射性元素と同様に濃縮し、集中的に取り込んでしまう。例えば植物はヨウ素を1000万倍近くも生体濃縮して取り込む。空間線量では低くても、濃縮率（国が低めに決めた濃縮率は260万倍である）を考慮しなければ野菜等の食物の内部被曝の危険性はわからない。

4　終わりに

　これまで、沖縄を除く9電力会社は送発電網を独占し、電力独占体制の下に、高い電気料金と莫大な税金の補助を得て、原発の推進など自己の利潤を優先してきた。私は東電だけでなく、送発電網全体を国有化し、小水力・風力・太陽光・バイオマスなどの自然エネルギーにスマートグリッドを導入し、地域分散型のエネルギー網を発展させるべきだと思う。原発を廃止して、安全なエネルギーにこそ資金を投入すべきである。同時に草の根民主主義に基づく民主的な社会をつくることが必要である。大災害の復興の苦労の中で、強いもの勝ちの社会でなく、基本的人権を尊重し、助け合って共に生きる社会を子ども達と共に築いていこう。私たちは子ども達の将来にも責任があるのだから。

1) 山田耕作：日本物理学会誌　51（1996）359.
2) 中川保雄：『放射線被曝の歴史』技術と人間（株）1991年．同増補版明石書店2011年
3) 瀬尾健：『原発事故…その時、あなたは！』風媒社　1995年
4) 市川定夫：『新環境論』(全3巻) 藤原書店　2008年

（2011年4月10日記）

　続いて6月10日に日本物理学会が主催したシンポジウムに対する意見を会員の声に投稿した。2011年10月号に掲載された。それを引用する。

3節 「物理学者から見た原子力利用とエネルギー問題」に参加して

1 はじめに

2011年6月10日の表題の物理学会シンポジウムに参加した。私にはこのシンポジウムの主催者の目的があくまで原子核研究の維持発展にあり、その応用としての原子力発電に今後も積極的に関与する意思を示したものと感じられた。一方で、物理学者には今回の原発震災に対する責任は一切ないという立場を表明しているようにも感じた。私が世話人をしていた頃の原子力に関する学会シンポジウムは、物理学者の社会的責任の立場から、推進・反対・中間の3者が報告し、原発の是非をめぐって激しい討論の場となるのが伝統であった。しかし今回のシンポジウムでは原発に関する偏った見解のみが発表されたため、日本物理学会は異なる見解を排除し、原発の危険性という根本問題を議論せぬまま、ひたすら原発推進の姿勢を堅持していると内外の人々に受け取られるおそれがある。このことを私は民主主義の観点から憂える。前回の拙稿で物理学者の責任の問題について述べたので[1]、ここでは福島のみならず世界の人々にとって重要かつ喫緊の問題である被曝問題に関する私の見解を述べる。

2 放射線被曝の影響

柴田徳思氏（筆者注＝東大名誉教授、原子核物理学）はICRP2007年勧告に基づいてフクシマの被曝を評価し、それは第一次産業の労働災害やタバコの発がん性に比べそう大きくないと主張した。

柴田氏は胚および胎児における放射線の影響について、致死、奇形、精神遅滞など100ミリシーベルト以下ではほとんど影響がないと述べた。しかし、最近の全米科学アカデミーの「電離放射線の生物学的影響に関する諮問委員会」のがんの報告では100ミリシーベルト以下の線量で「閾値のない比例関

係が科学的証拠と合致する」(BEIR-VII)との結論である。がん以外はデータ不足で定量化できなかったが、柴田氏の上の結論は慎重に検討されなければならない。

低線量の確率的影響について柴田氏は次のように言う。「20mSv/年が50年続いた場合、積算線量は1Svとなる。この時のがんに対するリスクは5.5％、つまり、50年で5.5％であれば、年当たり0.11％となる。これは一次産業のリスクと同程度で、全員避難という措置がかならずしも適当ではない」。

また、内部被曝については「Cs137は筋肉にとどまり、全身に被曝線量を与えるので、初年度5mSvが摂取制限となる。摂取制限値の飲食物を1年間摂取しつづけた時のリスクは、1mSv/年で5.5×10^{-5}/年なので、2.8×10^{-4}/年である。これは不慮の事故のリスク3.2×10^{-4}/年と同じ程度である。飲食物に含まれる放射能の摂取限度は、5mSvを制限値にしているので、この10倍の物を1年間飲食しても、50mSv/年であり、がんのリスクは0.25％となる。放射線の影響のない場合のがんのリスクが30％程度であることを考えると、それほど大きな影響とは言えない。」という。以上柴田氏のパワーポイント報告資料より抜粋した。

3 柴田氏の報告の問題点

①ICRP勧告による被曝のリスクの過小評価をそのまま用いている

柴田氏は語らないが、マンクーゾー博士によるハンフォード核施設労働者の疫学調査の結果等ではICRP勧告のほぼ2倍のリスクのがん死者が出ている。この値を採用してクリントン・ゴアは米国の核施設の被曝労働者の労災を認めた(2001年)。ゴフマン博士は内部被曝を考慮してICRPの8倍のリスクを主張している。このようにICRP勧告はリスクを過小評価していると考えられる。

柴田氏は内部被曝も過小に評価している。例えば、わが国のセシウムの摂取制限を守れば内部被曝が5ミリシーベルト、その10倍をとって50ミリシーベルトになっても「それほど大きな影響とはいえない」という。しかし、これは緊急時というので、公衆被曝の上限1ミリシーベルトから大きく緩和さ

れた値である。

　更にセシウムは筋肉にとどまるので、子宮にもとどまり女性と胎児にとってきわめて危険である。内部被曝は核種と臓器ごとに評価すべきであるが、そのメカニズムを含めて未知の部分が多い。例えば20年間の研究成果である「バイスタンダー効果（放射線を浴びなかった周りの細胞も影響を受けること）」をも考慮すると、低線量の被曝はいっそう危険である。しかし柴田氏は米国やベラルーシなど外国の食品基準に比べても大幅に緩いわが国の基準値を正当化している。

　柴田氏はがんだけを被害とし、原発労働者にいわゆる原爆ぶらぶら病に似た症状があること、またチェルノブイリ被曝の子ども達が疲れやすく、通常の病気にかかりやすいというよく知られた事実を無視している。高血圧病等の循環器疾患も放射線起因性であることがイギリスの労働者の調査や長崎・広島の被爆者の調査から明らかにされている。

②現実の被害を相対リスクで誤魔化している

　我々は不幸な災害や事故で人命が失われた場合、その失われた尊い生命の絶対数を問題にする。まして毎年発生する産業リスクと1回の原発事故によるがん死者数を50年で割って比較するのは道理がない。一度に起こった3.11の原発事故の被害としてトータルにがん死者数を評価すべきだ。例えば、福島県の200万人が1年で20ミリシーベルトの被曝をしたとすると、4万人・Svの集団線量となり、柴田氏の採用するICRPのリスクでも2200人ががん死する。10年間浴び続けると仮定すると被曝によるがん死者は2万人以上となる。1から9歳児では大人より約3倍も感受性が高い。半減期30年のCs137による汚染が長期にわたり、避難しなければ何十年もの間、被曝の恐怖にさいなまれる。

　更に、子どもも含む一般人の日常の被曝によるリスクを職業人の労働におけるリスクと比較するのも専門家としては許されないことである。過去10年ほどの間に放射線作業従事者で白血病に冒され、それが労災認定された人の最低値が5.2ミリシーベルトである。

　つまり正式に放射線が原因で白血病になったと国が認めた値が5.2ミリシーベルトということであり、5ミリシーベルトの被曝量は労働者にさえ重い

値なのである。

③リスク・ベネフィット論は被曝を強制する

柴田氏の上述の誤りはICRPの「最適化」というリスク（コスト）・ベネフィット論に基づいている。この考えから柴田氏は、本来人間を守るために必要な1ミリシーベルト／年の線量限度を放棄している。そして緊急時という口実のもとに、被曝防護のコストを下げるために5ミリシーベルト／年や50ミリシーベルト／年の被曝を容認する。緊急時基準の適用は加害者を擁護し、被害者に被曝を押し付け、その容認を迫るためのものであることは明らかであろう。そのためにこそICRPの「放射線防護体制」が作られたことを忘れてはならない[2]。

私は安全な原発などありえないと考える。しかも原発の運転を続ければ危険な放射性廃棄物が貯まり続け、将来の世代に負担を押し付けることになる。即時原発を停止し、安全で持続可能な社会の発展を目指すべきだと思う。会員諸氏のご意見を伺いたい。

1) 山田耕作：日本物理学会 66（2011）459.
2) 中川保雄；『放射線被曝の歴史』(1991 年) 技術と人間

(7月11日記)

4節　低線量被曝ワーキンググループ報告批判

上記2回の物理学会誌投稿原稿は片岡光生、尾崎一彦両氏など多くの物理学会員と議論してできあがったものである。この投稿に対して、放射線被曝線量の閾値の有無に関して会員の稲村卓氏や旭耕一郎編集長から意見が寄せられた。その件についての詳細は物性研究 2012 年 3 月号に譲るが、広く研究者間で議論していく中で、そもそも被曝の閾値の話はICRPの専門家によって広く流布されていることであることがわかった。そして、ICRP国内メンバーによる次の文献「放射性物質による内部被曝について」にたどり着い

た。これは後述の「低線量被曝に関するワーキンググループ」の報告の基礎でもあり、丹生太貫氏（京都大学名誉教授）、酒井一夫氏（放医研放射線防護研究センター長）は両方に参加している。

4-1 「放射性物質による内部被ばくについて」批判

国際放射線防護委員会（ICRP）国内メンバー（丹羽太貫、中村典他6名）著
（日本アイソトープ協会 HP　http//www.jrias.or.jp）

1　内部被曝の線量評価と健康影響

本解説の目的はこの論文の著者達（解説者と呼ぶ）によれば次のとおりである。
「東日本大震災で発生した福島第一原子力発電所の事故は未曾有の放射線災害となり、放射線被ばくは社会的に大きな関心事である。特に、内部被ばくはその情報が限られていることや、線量評価の仕組みや健康影響との関係が理解しにくいことも関係して、社会的な注目度も高い。本稿は、内部被ばくに関する線量評価法と健康影響に限定して解説し、専門家も含めた多くの関係者に利用されることを期待する」。

以上のように本解説「放射性物質による内部被ばくについて」は国内のICRPメンバーが内部被曝に関するICRPの考え方を解説したものである。ICRPの放射線防護に関する考え方は、放射線審議会の答申をはじめ、政府の基本方針となっている。それ故、政府の放射線防護方針の基本的な考え方、根拠を理解する上で本解説は重要である。

最初に注目すべきことは解説者たち自らには内部被曝を防ぎ被害を最小にするために市民や子どもに対して危険性を警告するという視点がないことである。放射線防護を任務とする仕事に就く人がまず事故の防止と放射線被曝の防護に努力すべきことは当然である。これは解説だから不要というかもしれないが、反省やお詫びがないのは冒頭から解説者らの姿勢を表わしていると思う。その背景には原発推進機関であるICRPの評価は被曝の被害を過小に評価しており、本解説者も事故の被害を楽観視している事に起因しているのではないかと思う[1]。私がそう思うのは結論が「内部被曝の健康影響は、外部被曝と比較して、同等かあるいは低いことが示されており、内部被

曝をより危険とする根拠はない」となっているからである。これは条件抜きには成立し得ない結論であり、科学的な考察を経た結論とは思えないのである。以下解説に基づいて検討する。

2 均質臓器の仮定

「飛程が短いかあるいは物質透過性が極めて低い場合には、1つの臓器・組織全体にわたり平均化された吸収線量は、確率的影響の発生確率の推定のための適切な量を代表しているとは考えられない。ICRPは、このような臓器・組織である呼吸器系、消化管、および骨格について、放射性物質の沈着位置分布と高感受性細胞群の配されている部位とを考慮した線量評価モデルを特別に開発し、リスクを考慮すべき標的と考えられる組織領域の線量を平均吸収線量として扱うこととしている」。

これはICRPの均質臓器モデルによる平均化が正しくないことを解説者自ら認めていることである。それ故、危険な部位や放射性物質が蓄積する部位を特別に高感受性細胞群として扱うということである。その方法は外部被曝と同じ取り扱いをして線量を高めるだけである。しかし、それは不十分である。内部被曝では臓器が至近距離から放射性物質により被曝させられる。アルファ（α）線やベータ（β）線による被曝は局所的に集中して、危険性は幾桁も高くなる。更に大切なことは、放射性物質が臓器に蓄積することにより被曝が局所的になるというだけでなく、継続的であり、各臓器固有の発がん機構や免疫機能に影響する微視的な機構が存在するということである[2]。つまり、局所性は微視的な内部被曝特有の継続的な機構と一体のものである。細胞膜やミトコンドリア、核などのミクロな部位における活性酸素による損傷もその一つである。後に議論する膀胱がんに発展する膀胱炎の微視的な機構も、最近明らかになってきた放射線被害の例である[3]。その際、低線量の内部被曝で重要なペトカウ（Petkau）効果[注2]が必然的に問題となるのである[4]。それ故、あくまで平均化して巨視的なものとして外部被曝と同様に取り扱うICRPの内部被曝を取り扱う方法は破綻している。科学は相互作用する物質の動的な変化を、運動において統一的に理解されなければならない。

[注2] 同じ積分線量であると低線量で長期の被曝の方が高線量で短期の被曝より、細胞膜などが容易に損傷され、より危険である。Petkauが発見した。1章6-1参照。

3 ホットパーティクルの危険性の否定

「臓器・組織全体にわたる吸収線量の平均化が適切でないもう一つの状況は、難溶性比放射の高い粒子が、臓器・組織の一部のみを照射するときに出現する。しばしば、この粒子は"ホットパーティクル"と呼ばれる。このような被ばくの特徴は、放射線粒子のごく小さい限られた領域で、吸収線量が臓器・組織の平均吸収線量よりも著しく高くなることである。このような場合、放射性粒子の周囲の線量が細胞死を誘発する線量を何倍も超える高い値となる可能性があり、却ってがん化のリスクが低下する。また、その放射性粒子と同じベクレルの放射性物質が均一に分布している臓器・組織よりもリスクを受けた細胞の数が少なくなることから、ICRPは、"ホットパーティクル"によるがん発生確率は、平均吸収線量からの推定と同じか低いと考えている」。

臓器に取り込まれた微粒子で継続的に被曝した時、この局所的で集中的な被曝はがんを増加させると考えられるが、ICRPは細胞死によってがん化が低下すると考えているという。信じられない記述である。ウクライナの膀胱がん研究者やベラルーシの元ゴメリ医科大学長バンダジェフスキーが膀胱がんや様々な臓器のがんの増加を報告[3, 5]しているにもかかわらずである。更に以前からグールド[6]たちによって、低線量長期被曝で乳がんの増加(ペトカウ効果)が報告されている。

一方、欧州放射線リスク委員会(ECRR)は平均化せず局所性を正確に考慮すれば実効線量が幾百倍も増加するとしている[2]。

解説者は放射線による細胞死は、がん化に結びつかないからがん化のリスクが低下すると考えている。しかし、長期的、継続的細胞死は周辺に炎症を引き起こし組織の機能不全や疾病につながる。そのプロセスで死ななかった細胞群からがん細胞が出現し長い時間をかけて良性から悪性へと転換していくのである。A. Romanenkoたちの研究の「チェルノブイリ膀胱炎」から「膀胱がん」への進行はその証拠である[3]。チェルノブイリ原発事故から15年目の2001年、ウクライナの強制避難とならなかった地区では、10万人当たりの膀胱がんが43.3人と1986年の26.2人と比較して65%増加していた[3]。約500に及ぶ前立腺肥大患者からの病理検査の結果と尿のセシウム137のレ

ベル、分子生物学的解析からの結論である。ICRP 解説者はこれを認めたくないので疫学的にはあり得ないと強弁する。彼らは微粒子であると放射線が強く細胞死が起こり、がんは減るというが、この膀胱がんの研究では細胞死や損傷した遺伝子の修復を行なう遺伝子 p53 [注3] もまた放射線で壊され、がん化が促進されてしまうのである。いったいどれだけの人が病気になり死んだら解説者の言う「疫学的に妥当な」数字になるだろうか。福島県健康相談最高責任者の山下俊一氏がドイツ『シュピーゲル』誌の記者の質問に答えて、「我々は今 200 万人に及ぶ歴史上なかった規模の放射線影響の疫学調査をしているのだ」と語ったという。

上記 ICRP 解説者の推論はホットパーティクルの危険性に対する歴史的進歩を無視し、都合のよい一方的な憶測に置き換えたものである。ICRP は、低線量長期被曝で重要であるペトカウ効果やバイスタンダー効果 [注4] を無視し、内部被曝を著しく過小評価しているのである。それ故、チェルノブイリの被害の現実を説明できないのである [5]。

酸化プルトニウムの微粒子と関連するホットパーティクルは猛毒で、極微量のプルトニウムホットパーティクルを形成し α 崩壊する。このホットパーティクルは、肺胞内に取り込まれ局所的に肺細胞を曝露し肺がんを引き起こす恐れがあると、タンプリンとコクランが主張してきたものである [6]。

4 長期低線量被曝ペトカウ効果の軽視

「内部被ばくの多くの場合のように低線量率での長時間にわたる放射線照射による確率的影響の生涯発生確率は、その総線量と同じ線量を短期間で受ける場合と同じかそれよりも低いことがわかっている」。証明もなく一方的に宣言されている。しかし、この記述は低線量の長時間被曝による細胞膜の破壊の増大を証明した Petkau 効果に反している [4]、この記述も間違っている。更に、低線量長期被曝が短期の高線量被曝より危険であることはグールドたちによって疫学的に証明されていることである。

[注3] p53 遺伝子は各細胞内で DNA 修復や細胞増殖停止、アポトーシスなど、細胞増殖サイクルの抑制を制御する。
[注4] バイスタンダー効果は直接電離放射線を照射された細胞だけでなく、それが周りの細胞にも伝わり、放射線照射の影響がでるという現象。1 章 6-1 参照。

「このように内部被ばくによる線量と外部被ばくによる線量とを加算することが可能なのはLNTモデル（直線しきい値なしモデル）、外部被ばくと内部被ばくは線量が同じであれば同じであるという前提に基づくからである」。このLNTモデルの妥当性という前提が、膀胱がんの例でわかるように非線形の現象である生体反応では成り立たないのである。現実のがん発生の微視的な機構は多岐にわたる複雑であるが各組織が連動した有機的な過程であることがわかる。このことも上述したA. Romanenkoたちの膀胱がん研究の重要な成果であると思う[3]。真理は具体的現実にあり、メカニズムを無視し、「内部から放射線を浴びても外部から受けても同じ」とするICRPのリスクの理論の限界を示すものである。科学者ならこの点に気が付き優劣を判断し、自らの理論を修正するはずである。

5　生理学的半減期

「Cs134/Cs137が1年以内で内部被ばくの線量として寄与しなくなる」。生理的半減期が70日ということは1年後でも1/32は残っているということである。またこれは一時に取り込んだ場合のことであるが、飲食や吸引による長期の連続的取り込みによる蓄積も考慮されねばならない。チェルノブイリの例でゴメリ医科大学の学生18～20歳で調査当時のセシウム137の被曝は平均濃度26Bq/kgと下がったのであるが、心電図異常が48.7%の学生に認められた。子どもの時に受けた被曝の影響は成人しても残るようである。バンダジェフスキーによると臓器によってセシウムの滞在期間が異なり、ほとんど分裂しない心臓や脳のように永い臓器もある[5]。

6　ベータ線の内部被曝の軽視

「ガンマ線による外部被ばくは、ベータ線と同様の機構で分子を電離する。そのため、ガンマ線による外部被ばくは機構的にベータ線による内部被ばくと同等で、線量が同じなら、効果も同じといえる」。ICRP解説者はベータ線が最初に当たる時の局所性でガンマ線と異なることを忘れている。内部のベータ線は確実に体内物質に当たるがガンマ線は飛程距離が長い。α線は空気中で45mm、身体中で40μm、β線は空気中で1m、身体中で5mmである。内部被曝ではそれぞれ短い飛程距離内の狭い領域にエネルギーを放出する。γ線は飛

程が長く臓器全体を電離しつつ通り抜ける。ベータ線とガンマ線を同等としているのはおかしい[2]。飛程距離が異なるからベータ線の方が局所的で、より危険である。

7　微粒子の軽視

「内部被ばくは放射線の種類の違い以外に放射性核種が組織で均等に分布して存在するか、微粒子状で存在するかによって、効果は少し異なる。均等分布の場合、内部被ばくでは外部被ばくの場合と異なり、線量率が低いため、その効果も外部被ばくよりも低くでる傾向にある。」としている。しかし、内部被曝で重要なα線やβ線では飛程距離が短く均等分布ではない。

「微粒子上の放射性核種では、まず微粒子内での自己吸収のために、線量自体が低くなる上、微粒子近傍では線量が高すぎて細胞死が先行するため、効果が低くなる傾向にある」という。この推量の根拠は疑わしい。グールドの疫学調査の結果得られた低線量内部被曝の効果が大きいという結論に矛盾している。また、微粒子の方が放射性原子が集中しているので、β線が集中して当たり、二重らせんが切れやすくなるとする矢ヶ崎の主張とも逆である[2]。線量効果において修復・細胞死に寄与するp53遺伝子が膀胱がんの場合には放射線で変異を受け、がん化が促進されることがわかった。

8　内部被曝の軽視

「以上から、さまざまな条件において、内部被ばくは外部被ばくよりも健康影響が少ない傾向にあるといってよいであろう」。非現実的な均等分布に基づく議論を用いたこの結論は不自然である。状況によるとはいえ、内部に取り込む方が危険であると考えるのが自然であろう。

9　再び内部被曝の軽視

「均等分布の場合、内部被ばくの効果は同じ線量の外部被ばくと同じと考えられるが、内部被ばくでは外部被ばくの場合と異なり、線量率が低いため、その効果も外部被ばくより低く出る傾向にある」。体内に取り込まれた放射性物質による内部被曝では外部から放射線を浴びる外部被曝より、線量率が低いというのはなぜだろうか。このように不自然な結論になるのはICRPの

均等分布や微粒子での内部被曝の計算がおかしいからである。内部被曝は放射性物質が体内にあり、至近距離から強い放射線を浴びることになるため線量率は高いはずである。実験事実、観測事実に矛盾している。これは、ICRP 解説者が放射線が生体に与える被害の具体的過程を議論できないために、外部被曝と同じ機構を考え、内部に取り込まれた放射性物質の具体的挙動を考慮しないために生じた誤りで致命的欠陥である。

10　Cs-137 による内部被曝と膀胱炎

「チェルノブイリ事故後の Cs-137 内部被ばくによる発がんでは、Romanenko らによる一連の論文が発表されている。この論文では、ウクライナの Cs-137 高度汚染地域の前立腺肥大患者で 70％を越える高い頻度の膀胱がんを観察し、それを尿 1ℓ 当たりに排泄されている 6Bq の Cs-137 による放射線のためとしている。しかし、このような高い膀胱がんの頻度は疫学的にありえず、国連科学委員会報告でも放射線との関係を認めるような記載はない」。

ICRP 解説者達はレフェリーつきの雑誌への掲載を重視するが今回は違う。根拠も示さず「このような高い頻度は疫学的にありえず」と多数の論文を切り捨てる。病理解剖した論文よりも解説者達の独断を優先させる。非科学的なことこの上ない。そして国連科学委員会の報告に記載がないことを根拠として持ち出す。国連の権威を持ち出すのである。唯一科学的な議論は「1ℓ の尿中の 50Bq 程度の放射性カリウム (K-40) の寄与」を無視していることであり、「さまざまな疑義がある」という。膀胱がんの頻度は尿の Cs-137 の濃度に依存しており、非汚染地区ではゼロ％である。自然放射能 K-40 が 50Bq/kg の一定値で存在して、これががんの発生を決めているとすれば、この事実は説明できない。K-40 の生体に対する影響が低いことについては市川定夫氏が著書『新・環境論』で繰り返し強調していることである[8]。人工の放射性物質と自然の放射性物質の違いである。天然のカリウム 40 は臓器にとどまらず速やかに循環し、排出されるから、有害さの程度が臓器に取り込まれるセシウムより低いのである（第 1 章 p53 参照）。ICRP の委員はこのことを誰も知らないのであろうか。自分の無知を棚に上げて他人のせいにする。しかも危険なものを安全というのであるから責任重大である。多くの尊い命を失

わせる危険性がある。放射性セシウムが各臓器に様々なレベルで蓄積していることは1章（図1と表1）でバンダジェフスキーの著書の紹介で示されたことである[5]。

11　ベータ線放出核種：微粒子被曝の例

「図（本書では省略）はある数の細胞に一様に放射線が当たる場合と、微粒子を中心に放射線が当たる場合を示すもので、確かに近傍で線量はきわめて高くなる可能性がある。その一方で、遠距離では放射線が当たらない細胞もある。しかしながら、現行の直線しきい値なし仮説では、発がんリスクは、線量・損傷の数の一次関数であるところから、微粒子状の内部被ばくのリスクは、同じ組織線量を与える外部被ばくと同様であると評価しうる。更にきわめて高い線量を受ける微粒子近傍の細胞は、がん化よりも細胞死の経路をたどるため、全体のリスクは低くなると考えるのが順当である」。

この議論は発がんリスクが線量の1次関数であるという仮定に基づいて、被曝の具体的過程を無視する議論に基づいており、根拠が弱い。同じ組織線量を仮定した議論をしているが、同じセシウム量なら外部より内部から被曝する方が、飛程距離が短く狭い領域で粒子のエネルギーを吸収するから、内部被曝では線量が高いと考えるべきである。更に、線量に対する応答が線形でなくペトカウ効果やバイスタンダー効果など非線形で低線量の方が線量当たりの被害が大きくなる。また、矢ヶ崎の主張のように二重らせんを切る上で局所的に強い線量が必要だとすると、体内に局所的に存在する微粒子から出る強い放射線はきわめて危険である。そもそもここでの議論はバンダジェフスキーの「長寿命放射性元素の体内取り込み症候群」が問題になる場合であるが[5]、それを一切無視しておいて、「内部被ばくのリスクは同じ組織線量を与える外部被曝と同様である」と評価するのである。

12　アルファ線

X線写真の造影剤として使用されてきたアルファー線を出すトロトラストによる内部被曝による発がんで、肝がんなどの固形がんは、彼等が主張する外部被曝を受けた原爆被爆者のリスクで説明できるとして、彼等が決めたアルファー線への放射線荷重係数20を採用する。しかし、白血病の誘発率が外

部被曝では説明できなくなると彼等の計算に合致するように荷重係数を20から2に変更し、その誘発率は低いと考え満足する。この態度は、ICRPのやり方そのもので、実証的な数値あわせであって、現象の本質的な理解ではない。

13 「おわりに」

「これまで見てきたほぼ全てのケースにおいて、内部被ばくの健康影響は、外部被ばくに比較して同等かあるいは低いことが示されており、内部被ばくをより危険とする根拠はない」という驚くべき結論に到達している。汚染した食物を食べさせたいという意図でもあるのだろうか。

しかも、この文章はきわめて非科学的であることは一目瞭然である。内部被曝と外部被曝の被害の大きさは被曝時の放射性物質の取り込み方の相対的な大きさによるからである。例えば、外部被曝を受けていないオーストラリアに住む人が日本の汚染した米や魚を常食とする場合も「内部被曝をより危険とする根拠はない」のか。解説者は内部被曝が怖くないと言いたいのかもしれないが、内部被曝と外部被曝の比較に重点を置くのも異常である。正しくは共に危険であるから、いかに全ての被曝を避けるかを提案するのが正しい態度であると思う。しかも、同じ線源なら至近距離から被曝する内部被曝の方が危険であることは明らかではないか。本来、内部被曝の危険性を取り上げて、具体的に解説すべき本稿で、「内部被曝をより危険とする根拠はない」とはよく言えたものである。本当に福島の子ども達に向かってこのようなことを言って給食を勧めているのだろうか。

14 ICRPの誤り

ICRPの誤りはマクロなモデルを用い、臓器を均質化した物体としていることである。事実、組織は機能的に異なる様々な細胞から成り立っている。細胞はまた細胞膜で囲まれているが細胞核やミトコンドリア等の様々な細胞機能を分担した内部構造から成り立っていて、不均一の構造体ではあるが、多くの構成要素の統一的な働きで成り立っている。臓器に取り込まれた放射性物質は継続的な被曝を与え、生体に継続的な変化を与える。低線量の長期被曝として本質的に重要な第1章で説明されたPetkau効果や、バイスタン

ダー効果を考えなければならない。ICRP は自らにとって都合の悪い科学的知見を排除した結果、その見解は時代遅れになってしまったのである。

　解説者の結論は、内部被曝はこれまで ICRP が採用してきた外部被曝による基準で判定して問題はなく、低線量による長期被曝も、細胞死も生命に影響するような問題がない。チェルノブイリ膀胱がんも疫学的に意味がないし、IAEA も認めていないと。Appendix でも、開発中の彼等のモデルの説明には雄弁でも、社会的関心がもっとも高い福島原発事故による内部被曝の問題、汚染食品や瓦礫処理による被曝の拡大に対する対策には沈黙している。このように ICRP が被曝の被害を隠し、真実をゆがめた見解をかたくなに堅持するのはなぜだろうか。それは誤魔化す以外に、国民に被曝の被害をおしつけ、原子力を維持していく方法がないからである。

　しかし、福島事故6日後、福島フォールアウトが米国に到着した。2010 年と比較して 2011 年の死者数が、日本のフォールアウトの到着から 14 週内において 4.46％増加した。到着前は 2.34％の増加であった。乳児死亡がそれ以前の 8.37％の減少から、福島事故後に 1.80％増加した。これらは米国の 25％から 35％に相当する 122 の都市の集計である。これを米国全体に当てはめると 13,983 人の死亡と 822 人の乳児死亡の過剰死をもたらしたと推定される[9]。

4-2 「低線量被ばくのリスク管理に関するワーキンググループ報告書」批判

www.cas.go.jp/jp/genpatsujiko/info/twg/111222a.pdf
2011 年 12 月 22 日に政府に報告された。以下では「報告書」と略す。

1　開催の趣旨

報告は自らの課題を次のように述べている。

「第一に、現在、避難指示の基準となっている年間 20 ミリシーベルトという低線量被ばくについて、その健康影響をどのように考えるかということ。政府は年間 20 ミリシーベルトを一つの基準として、避難指示を判断してきた。この年間 20 ミリシーベルトという基準について、健康影響という観点からどのように評価できるのか」。

さまざまな調査が示すように20ミリシーベルト以下でも健康被害をもたらす[1]。グールド達の原発周辺の乳がん死の疫学調査がある[6]。本来、平常時公衆の被曝限度はICRPの基準では1ミリシーベルトであり、安全を確保するための値であるはずである。避難指示の基準が20倍も高くなっているのでは、留まる住民の健康は護れない。例えば、現在の平常時の法律では3カ月で1.3ミリシーベルトの被曝をする場所を放射線管理区域とし、必要のある労働者等以外は入れない。それは年間5.2ミリシーベルトである。20ミリシーベルトはその約4倍である。放射線の影響としての労働災害が5.2ミリシーベルトの被曝で認定されている。原発事故後という「現存被曝状況」の名の下に、それより4倍も高い被曝を住民、公衆に対して容認させているのである。放射線管理区域の4倍のところに子どもを住まわせてよいはずはない。それ故、この報告書は年間20ミリシーベルトが健康に影響する可能性が充分あるにもかかわらず、年20ミリシーベルトの被曝を「正当化」することに真の目的があるのである。この報告書が不都合な真実、20ミリシーベルト以下の被曝の被害を切り捨てているのはそのためである。

2　科学的知見と国際的合意
(1) 低線量被曝のリスク

　「国際的な合意では、放射線による発がんのリスクは、100ミリシーベルト以下の被ばく線量では、他の要因による発がんの影響によって隠れてしまうほど小さいため、放射線による発がんリスクの明らかな増加を証明することは難しいとされる」。

　J.A. グールドによる疫学調査は原発周辺での乳がん死の増加を証明している[6]。アメリカのBEIR報告は100ミリシーベルト以下も直線性が成立し線量に比例してがん死が増加することを認めている。市川定夫氏はムラサキツユクサを用いて低線量まで危険であることを証明している[8]。ワーキンググループ報告は自分たちに理解できる証明がない限り、100ミリシーベルト以下の被曝ではリスクがないと考えているのか。しかし、精度が悪ければリスクがないことも証明できないであろう。精度のよい多くの報告が危険性を示しているにもかかわらず、100ミリシーベルト以下は安全として国民を被曝させ、その健康を破壊するのは犯罪にはならないのか。国民の健康を護る立

場に立てば、安全であることが証明されていない限り、被曝させてはならないはずである。それが人や子どもに対する人間としての態度である。放射線被曝の危険性は精度のよい疫学調査のみならず解剖など病理解剖によって研究され、証明されてきたのである。そのようなものとして100ミリシーベルト以下のリスクも証明されている。「報告書」は不都合な真実を認めたくないのである[1]。

(2) 長期にわたる被曝の健康影響

「前述の100ミリシーベルトは、短時間に被ばくした場合の評価であるが、低線量率の環境で長期間にわたり継続的に被ばくし、積算量として合計100ミリシーベルトを被ばくした場合は、短時間で被ばくした場合より健康影響が小さいと推定されている（これを線量率効果という）。この効果は動物実験においても確認されている」。

これは高線量の場合であり、動物が放射線に適応したのであろう。しかし、この場合は現在の福島事故による被曝の現状には該当せず、逆に低線量被曝で問題とされるペトカウ効果を考慮すべきである。この被曝増強効果はペトカウ（Petkau）によって発見され、グールドにより確認されている[6]。

「東電福島第一原発事故により環境中に放出された放射性物質による被ばくの健康影響は、長期的な低線量率の被ばくであるため、瞬間的な被ばくと比較し、同じ線量であっても発がんリスクはより小さいと考えられる」。

Petkau効果では低線量で長期にわたる被曝は健康影響が大きいということを示している[4]。それ故、「ワーキンググループ報告書」は間違った理解をしている。ペトカウ効果では活性酸素が細胞膜を壊すが放射線が強いと活性酸素同士が打ち消しあい、細胞膜の破壊が抑制される。このことは活性酸素を抑制することで確かめられている[4]。

(3) 外部被曝と内部被曝の違い

「内部被ばくは外部被ばくよりも人体への影響が大きいという主張がある。しかし、放射性物質が身体の外部にあっても内部にあっても、それが発する放射線がDNAを損傷し、損傷を受けたDNAの修復過程での突然変異が、がん発生の原因となる。そのため、臓器に付与される等価線量が同じであれば、

外部被ばくと内部被ばくのリスクは、同等と評価できる」。

単純に物理的に考えても体内に放射性物質があるのと外部から放射線を浴びるのでは放射線の強度が異なる。それをICRPは、臓器を均一物質として平均した等価線量で考慮する。それゆえ、飛程距離が短いアルファ(α)線やベータ(β)線は臓器全体での平均のために低い等価線量となる。従って、それに基づく「内部被ばくと外部被ばくのリスクが同等」という結論も正しくない。また、放射線の影響がDNAの損傷のみであるという誤った考察に基づいている。放射線によって生じた活性酸素ラディカルが細胞膜を破壊する機構が発見されている。それ故、ここのICRPの議論は遅れた狭い理解である。また、ICRPの評価方法が線形であるために限界がある。正しくは非線形過程として取り扱い、更に化学物質との複合作用も考慮しなければならない。バンダジェフスキーたちの研究によれば体重1kg当たり、20Bqから40Bqで心電図に異常が見られる(1章の図2)[5]。これをICRPの等価線量に置き換えると0.01ミリシーベルトにしかならない。このようにICRPは等価線量で被曝を過小に評価しているのである。この過小評価した等価線量を用いるために、ICRPはいつも「等価線量が同じなら」という決まり文句を入れるのである。

(4) 無知を露呈した執拗な膀胱がん批判
「なお、ウクライナ住民で低線量の放射性セシウムの内部被ばくにより膀胱がんが増加したとの報告があるが、解析方法の問題や他の疫学調査の結果との矛盾等がある」。

500もの膀胱組織を解剖して直接観察した結果であるからミクロな事実として説得力がある。発がん機構についても詳細に検討されている。当然、いくつかの学術誌に掲載されているから、論文に則して病理学研究として反論すべきである。「解析方法の問題」が何をさすか不明であるが、もし、カリウム40の考慮であれば、ICRPが人工の放射性セシウムと自然放射性物質カリウム40との違いが理解できないがゆえに生じた誤りである。カリウム40は膀胱に蓄積しないが、セシウムは蓄積する。その蓄積したセシウムが膀胱がんの原因となる。尿中の濃度だけではわからないのである。故市川定夫氏はもしカリウム40を臓器に蓄積する生物がいたら、進化の過程で淘汰された

であろうと述べている[8]。まさに我々は現在、人工の放射性セシウムを臓器に蓄積し、自らの子孫を淘汰しようとしているのである。このことの重大性に気付かず膀胱がんの研究の揚げ足を取るような人は放射線審議会にいてはならない。

トナカイを食した北欧サーミ人たちの疫学調査は彼らのがんの発生率の低さを調査している研究であり、生活様式のがん抑制に果たす役割の重要性を指摘している。膀胱がんだけが低いのではなく、他のセシウムの蓄積で起こるがんやその他のがんも低いのである。サーミ人の疫学調査をした研究者達は生活様式を考慮すればがん発生が低いことを説明できると考えているようである。

(5) 子ども・胎児への影響

「一般に、発がんの相対リスクは若年ほど高くなる傾向がある。小児期・思春期までは高線量被ばくによる発がんのリスクは成人と比較してより高い。しかし、低線量被ばくでは、年齢層の違いによる発がんリスクの差は明らかではない。他方、原爆による胎児被爆者の研究からは、成人期に発症するがんについての胎児被ばくのリスクは小児被ばくと同等かあるいはそれよりも低いことが示唆されている」。

ベラルーシのバンダジェフスキーの研究では死亡した人の臓器のセシウム量（体重1kg当たりのBq）は子どもの方が成人より2倍近く高かった[5]。また、成長してからも影響が残る。

「また、放射線による遺伝的影響について、原爆被爆者の子ども数万人を対象にした長期間の追跡調査によれば、現在までのところ遺伝的影響はまったく検出されていない」。

チェルノブイリ原発周辺に住む野生のハタネズミのミトコンドリアDNAの変異率は対照群と比べて数百倍であった。1から22世代の観測では土壌汚染は年々減少しているにもかかわらず、体細胞（骨髄）染色体変異と胎仔死亡の頻度は22世代目まで増加し、事故前のレベルよりそれぞれ3～7倍、30～50倍高くなっていた[10]。国連科学委員会はチェルノブイリ事故で世界全体で約3万人から20.7万人の遺伝的障害をもつ子どもが生まれたという[13]。

「チェルノブイリ原発事故における甲状腺被ばくよりも、東電福島第一原

発事故による小児の甲状腺被ばくは限定的であり、被ばく線量は小さく、発がんリスクは非常に低いと考えられる。小児の甲状腺被ばく調査の結果、環境放射能汚染レベル、食品の汚染レベルの調査等様々な調査結果によれば、東電福島第一原発事故による環境中の影響によって、チェルノブイリ原発事故の際のように大量の放射性ヨウ素を摂取したとは考えられない」。

　この結論は怪しい。福島第一原発事故での初期のヨウ素などの放出データが明らかにされていないからである。初期のヨウ素の放出に関してはSPEEDIなどのデータが適切に公表されていない。そして、電源喪失によりモニタリングのデータがないとされてきたが、1年を経た今、残された記録が無人の避難区域等から発見された。そして、かなりの量のヨウ素131が放出されたこと、それも放出時の気象条件から、セシウムとは異なり南に、海岸に沿った陸地に放出されたことが明らかになりつつある。原発の南に住んでいた人を中心に子ども達や大人の甲状腺の検査を緊急に、更に毎年、注意深く継続して行なわなければならない。また、弘前大学の床次教授らの、福島県の浜通りからの避難者48人と浪江町に残った17人の住人計65人の事故約1カ月後の調査では、放射性ヨウ素の総被曝線量が、5人が50ミリシーベルト以上で、最高は87ミリシーベルトであった。このような放射性ヨウ素に関する事実は個々人の粘り強い献身的な努力によって明らかにされたものである。それに反し、上記の「大量の放射性ヨウ素を摂取したとは考えられない」というワーキンググループ報告は根本的な間違いをしている。データも知らず、安全宣言をしている。この間違いだけでも責任は重大である。アメリカの調査では事故後の4週間で、全米で1万5000人の死亡が推定されている[9]。

(6) 集団線量の否定

「しかし、この考えに従って、100ミリシーベルト以下の極めて低い線量の被ばくのリスクを多人数の集団線量（単位：人・シーベルト）に適用して、単純に死亡者数等の予測に用いることは、不確かさが非常に大きくなるため不適切である。ICRPも同様の指摘をしている」。

　集団線量を否定しようとしているが、不確かさが大きくなるか否かは統計学の問題である。グールドたちによって乳がん死者数と被曝線量の関係が証

明され、集団線量を用いた疫学調査の結果の説明がなされている[6]。

「2009年の死亡データによれば、日本人の約30％ががんで死亡している。広島・長崎の原爆被爆者に関する調査の結果に線量・線量率効果係数（DRREF）2を適用すれば、長期間にわたり100ミリシーベルトを被ばくすると、生涯のがん死亡のリスクが約0.5％増加すると試算されている。他方、我が国でのがん死亡率は都道府県の間でも10％以上の差異がある」。

ここでは集団線量の考えを使っている。ワーキンググループは一貫性がない。ご都合主義である。それは「報告書」が20ミリシーベルトでの切捨てを正当化する目的で作成されていることの結果であると推測される。

3 ICRPの「参考レベル」

「ICRPでは被ばくの状況を緊急時、現存、計画の3つのタイプに分類している。その上で緊急時及び現存被ばく状況での防護対策の計画・実施の目安として、それぞれについて被ばく線量の範囲を示し、その中で状況に応じて適切な"参考レベル"を設定し、住民の安全確保に活用することを提言している。

　イ）参考レベルとは、経済的及び社会的要因を考慮しながら、被ばく線量を合理的に達成できる限り低くする"最適化"の原則に基づいて措置を講ずるための目安である。

　ロ）参考レベルは、ある一定期間に受ける線量がそのレベルを超えると考えられる人に対して優先的に防護措置を実施し、そのレベルより低い被ばく線量を目指すために利用する。……従って、参考レベルは、全ての住民の被ばく線量が参考レベルを直ちに下回らなければならないものではなく、そのレベルを下回るよう対策を講じ、被ばく線量を漸進的に下げていくためのものである。

　ハ）参考レベルは、被ばくの"限度"を示したものではない。また、"安全"と"危険"の境界を意味するものでは決してない」。

「各状況における参考レベルは以下のとおりである。

　イ）緊急時被ばく状況の参考レベルは、年間20から100ミリシーベルトの範囲の中から選択する。

　ロ）現存被ばく状況の参考レベルは、年間1から20ミリシーベルトの範

囲の中から選択する。
ハ）現存被ばく状況では、状況を段階的に改善する取組みの指標として、中間的な参考レベルを設定できるが、長期的には年間1ミリシーベルトを目標として改善に取り組む」。

以上長い引用となったが、ここが非常に重要である。そもそも原発事故がなければ計画被曝のみで、公衆の被曝限度は年間1ミリシーベルト以下であった。事故が起こり、緊急時や現存被曝状況では大幅に緩和されるのである。緩和した値と措置の正当化が「報告」の目的であるので、数値は守る義務のない参考レベルとなる。ワーキンググループが薦める現存被曝状況の参考レベルは年間1から20ミリシーベルトである。1ミリシーベルトは目標として掲げるのである。労災認定の基準の最低値や放射線管理区域の基準が年間5.2ミリシーベルトである。子どもや妊婦を含めて、20ミリシーベルトは誰が見ても高い値である。しかし、ワーキンググループ報告の任務は現存被曝状況の被曝の容認を住民に押し付けることにあり、住民を護ることではないから、守る義務のない、しかも達成しやすい参考レベル20ミリシーベルトでよいのである。参考レベルの存在そのもの、またその内容は日本国民には全く知らされておらず、国会でその是非が問われたこともない。ワーキンググループの超法規的押し付けである。そこには民主主義は全く存在しない。原発推進のための組織であるICRPとその支持者の本性がここにあらわになっている。

「放射線防護措置の選択に当たっては、ICRPの考え方にあるように、被ばく線量を減らす便益（健康、心理的安心感等）と、放射線を避けることに伴う影響（避難・移住による経済的被害やコミュニティの崩壊、職を失う損失、生活の変化による精神的・心理的影響等）の双方を考慮に入れるべきである」。

これは政府の文章として、我々国民として断じて認めることのできない文章である。リスクを原発労働者と国民に押し付けてベネフィットを最大にしてきたのが電力会社であり、政府はそれを支えてきた。「コスト・ベネフィット」論に依拠した加害者である東京電力と政府が第三者のような顔をして姿を消し、被害者自身の自問自答の悩みにすりかえて東電と政府の責任を回避するものである。原発事故の被害者の被曝の下での生活の悩みをなくすのが

政府や東電の責任であり、他人事のような態度は許せない。被曝のない安全な事故以前の生活の回復は正当な国民の権利であり、そのための保障として避難、移住、職業と生活を保証するのが政府や東電の義務である。「報告」が原発推進勢力の犯罪・過失を国民の犠牲において乗り切るための報告である正体が見えるのである[1]。ICRPのコスト・ベネフィット論は人命を優先しないで、金勘定をするひどい考え方であるが、ワーキンググループは更にそれを悪用してベネフィット（利益）を全く得ていない住民など犠牲者にコストを要求している。コスト・ベネフィット論は電力会社に適用して、電力で得た利益を今こそリスクとして国民に返すべきである。住民は被害者であり、東電や政府は加害者である。加害者は住民に全面的な損害賠償をしなければならない。報告は責任を住民、国民に押し付け、自分たち原発推進者の責任を逃れるものである。繰り返すが、東電が原発で電力を得、それで利益を得てきたのであり、事故のリスクを覚悟して得た利益である。これがリスク・ベネフィット論である。ワーキンググループはICRP勧告に従い、原子力を推進するために国民に被曝を容認するよう脅迫しているのである。容認して汚染地に留まらなければ仕事やコミュニティを失うぞと脅迫しているのである。

4 報告のまとめの問題点

「これまで避難区域としていた地域に、住民の方々が帰還しても、それで問題が解決したわけではない。政府、東電には東電福島第一原発事故の責任があり、低線量被ばくによる社会的不安を巻き起こしていることに対して真摯な対応が必要である。被災者の方々が、住み慣れた我が家に戻り、そして豊かな自然と笑顔あふれるコミュニティを取り戻す日が実現するまで、国として力を尽くす必要がある。この実現には、国、県、市町村、住民が一体となった、長期間にわたる粘り強い努力が必要である。更に専門家の持続的協力が必要である。あらゆるものの放射線強度を測定すること」。

抽象的な美辞麗句で飾っているが具体性がない。断固とした被曝対策として、被曝の危険性を正しく評価し直し、東電と国の責任者を処罰し、東電と国の責任で住民の集団的避難・移住を進めるべきである。

「国際的な合意に基づく科学的知見によれば、放射線による発がんリスク

の増加は、100ミリシーベルト以下の低線量被ばくでは、他の要因による発がんの影響によって隠れてしまうほど小さく、放射線による発がんのリスクの明らかな増加を証明することは難しい」。

　難しくなくていろいろ証明されている。『放射線被曝の歴史』(増補版) にも紹介されている[1]。最近の研究として、2011年3月には、心筋梗塞患者8万2861人を調査したカナダのマギル大のアイゼンバーグらは被曝量が10ミリシーベルト増えるごとに発がん率が3％ずつ増大したことを発表した[11]。政府や東電は抽象的な努力を述べておきながら、「証明が難しい」ことを口実にして被害者救済、被曝回避の措置を取らないのである。

　「しかしながら、放射線防護の観点からは、100ミリシーベルト以下の低線量被ばくであっても、被ばく線量に対して直線的にリスクが増加するという安全サイドに立った考え方に基づき、被ばくによるリスクを低減するための措置を採用するべきである」。

　呼吸や食べ物による内部被曝によって、チェルノブイリと同様の健康破壊が起こる可能性が高い。ペトカウ効果やグールドの研究によれば、低線量域では上に凸の逆線量効果関係が見られ直線性より危険である。これは低線量になると細胞膜等を壊す活性酸素が相互に打ち消しあう効果が減り、より有効に作用するためであると説明されている。更にワーキンググループメンバーはバンダジェフスキーの「長寿命放射性元素の体内取り込み症候群」やウクライナのステパノワ報告など具体的な被害を無視している。膀胱がんの病理解析もカリウム40に対する無知から採用していない。これらの被害や内部被曝の危険性を一貫して無視している。報告書は国民や住民を守るのではなく、彼らを切り捨て放射線の被曝にさらすことを自ら宣言している。故中川保雄氏の言うように「被曝を強制する側が核被害者に被曝の容認を迫る放射線防護の体制」と一体になって核開発が今もなお継続して進められていることを示している。

　「現在の避難指示の基準である年間20ミリシーベルトの被ばくによる健康リスクは、他の発がん要因によるリスクと比べても十分に低い水準である。放射線防護の観点からは、生活圏を中心とした除染や食品の安全管理等の放射線防護措置を継続して実施すべきであり、これら放射線防護措置を通じて、十分にリスクを回避できる水準であると評価できる。また、放射線防護措置

を実施するに当たっては、それを採用することによるリスク（避難によるストレス、屋外活動を避けることによる運動不足等）と比べた上で、どのような防護措置をとるべきかを政策的に検討すべきである。

こうしたことから、年間20ミリシーベルトという数値は、今後よりいっそうの線量低減を目指すに当たってのスタートラインとしては適切であると考えられる」。

ここでは明確に、この「まとめ」にある現存被曝状況における年間20ミリシーベルトの参考レベルを適切として容認させることが「報告書」の目的であることが示されている。このような考えを基にして、日本政府は「避難指示解除準備区域」は 年間被曝線量20ミリシーベルト以下、「居住制限区域」は年間20～50ミリシーベルト、「帰還困難区域」は 現時点で年間50ミリシーベルト以上」と極めて高い線量を設定している。一方、チェルノブイリ原発事故で被曝したロシア、ウクライナ、ベラルーシでは、年間被曝線量5ミリシーベルト以上の地域は「移住義務区域」、1ミリシーベルト以上の地域は「移住権利区域」として住民を保護している。

このように、20ミリシーベルトは世界の常識からしても、高すぎることは明らかであり、せめて1ミリシーベルト／年にすべきである。しかも、ICRPの方法は内部被曝を著しく過小評価する。今のままでは健康被害が住民の間に出る恐れが高い。心臓に蓄積されたセシウムは心臓を著しく傷つけ心電図の異常を起こし、突然死を引き起こす。

ここで最近出版された低線量被曝の危険性を示す文献を紹介しよう[12]。J.MangaのRadioactive Baby Teeth：The Cancer Link『原発閉鎖が子どもを救う』であり、1章でも大和田が紹介した。子どもの抜けた乳歯に含まれるストロンチウム90の量と小児がんの発生率の相関を証明した文献である。平時においても原子炉の近くでストロンチウム90のレベルが上昇すること、その数年後に小児がん発生率が増大すること、原発停止でストロンチウムの量が下がると小児がんも減少することを示したものである。多くの子どもや母親の協力によって得られた貴重な低線量被曝の危険性の科学的証明である。すでにアメリカでは2008年に出版されていたのである。原発事故後6カ月たってから文科省が出したストロンチウム90とプルトニウム239の汚染地図は、β線やα線による100kmにおよぶ広範な内部被曝の危険性を示

しているにも拘らず、報告書は無視している。

「子ども・妊婦の被ばくによる発がんリスクについても、成人の場合と同様、100ミリシーベルト以下の低線量被ばくでは、他の要因による発がんの影響によって隠れてしまうほど小さく、発がんリスクの明らかな増加を証明することは難しい。一方、100ミリシーベルトを超える高線量被ばくでは、思春期までの子どもは、成人よりも放射線による発がんのリスクが高い。

こうしたことから、100ミリシーベルト以下の低線量の被ばくであっても、住民の大きな不安を考慮に入れて、子どもに対して優先的に放射線防護のための措置をとることは適切である。ただし、子どもは、放射線を避けることに伴うストレス等に対する影響についても感受性が高いと考えられるため、きめ細かな対応策を実施することが重要である」。

不都合な真実、100ミリシーベルト以下でも被曝の被害があることを強引に無視して、原発事故の被曝を国民に押し付けている。現実の被曝被害への感受性をストレスの所為にしている。最近のバンダジェフスキーの報告では、脳にもセシウムが蓄積し、神経伝達物質の分泌のアンバランスから自律神経機能の異常が子どもに多く見られることを報告している（動物実験でも証明している）。チェルノブイリ事故後に、自律神経疾患による「うつ病」が増加している。特に成長中の若年者はセシウムによって神経組織が影響を受けやすく「うつ病」などの神経症にかかりやすい。彼は神経疾患の増大を「放射線恐怖症」によるストレスとする者に警告している。また、放射線が免疫機能を低下させ、感染症に罹りやすくすることが指摘されている。

報告は被害の実態を意識的に無視し続け、国家や東電の義務となる被曝防護の数値を下げないで言葉だけで、国民の自助努力による放射線防護を言っているのがよくわかる。本当に子どもを被曝から守るなら、参考レベルを少なくとも平常時の1ミリシーベルトに下げ、国の責任で家族と共に避難させるべきである。子どもの安全の保証とは内部外部の被曝がないことである。汚染地に住まわせることは被曝の犠牲を子どもを含む住民に押し付け、住民を切り捨てることである。年間1ミリシーベルト以上の汚染地は避難対象地域とすべきである。そうしなければ呼吸と飲食によって放射性物質を取り込むであろう。内部被曝では1Bq/kgを限度として、基本的にゼロとして、汚染した食料を食べるべきではない。

総じて次のように批判される。

1. 原発事故だからといって（現存被曝状況と呼ばせている）、年間1ミリシーベルトから、年間20ミリシーベルトまで被曝基準をあげるのは、原発維持のために人間を切り捨てるものである。20ミリシーベルト以下でも危険である[11]。ペトカウ効果を考えると低線量長期被曝はいっそうより危険である。年間1ミリシーベルト以上のところは除染よりも、避難すべきである。国と東電は避難者の生活を保障すべきである。放射線汚染によって人間の生存条件を変えるのではなく、被曝基準を変えるような場所から避難すべきである。原発を進めるなら少なくともそれが補償できなければならない。
2. そもそも内部被曝に実効等量係数を用いる方法は正しくなく被害を過小に評価する。「シーベルト神話」と呼ぼう。ベクレルでバンダジェフスキー元学長の文献に基づく体重1kg当たり、1から10Bq(測定精度の限界の時)を基準とすべきである。汚染ゼロの食料を届け、避難を呼びかけよう。
3. ワーキンググループは放射線の被害をDNAの切断のみと理解していて、全体的な生体の理解に欠けている。免疫不全や心臓病、脳など多様な健康破壊が起こっている。セシウム137が持続的に取り込まれると細胞成長の歪曲とエネルギー過程の歪（攪乱、阻害）を伴う内臓器官（心臓、肝臓、腎臓）の異常が引き起こされる。この「長寿命放射性元素の体内取り込み症候群」は低線量で起こる重大な病気である[5]。これらを無視しては被害の過小評価は避けられない。
4. ペトカウ効果やバイスタンダー効果に対する理解が不足しており、放射線被害を過小に評価している。

この「報告書」をまとめると次のようになる。

これは政府や東電側にたって被曝者、被曝地を切り捨てるための案である。科学的な文献の形を装いながら、原子力を推進するために被曝の犠牲を国民に押し付けるために作成された政策文書である[1]。

【参考文献】

1) 中川保雄；『放射線被曝の歴史増補版』 明石書店（2011年）
2) 矢ヶ崎克馬；『隠された被曝』 新日本出版社（2010年）
3) A. Romanenko et al.; Urinary bladder carcinogenesis induced by chronic exposure to persistent low-dose radiation after Chernobyl accident. *Carcinogenesis* 30, 1821-1831（2009）．
4) ラルフ・グロイブ、アーネスト・スターングラス；『人間と環境への低レベル放射能の脅威』(2011年)、肥田、竹野内訳、あけび書房；*The Petkau Effect*
5) ユーリ・I・バンダジェフスキー著；『放射性セシウムが人体に与える医学的生物学的影響』、久保田護訳、合同出版（2011年）
6) ジェイ・マーティン・ゴールド；『低線量内部被曝の脅威』（2011年）肥田、斉藤、戸田、竹野内共訳、緑風出版、Jay. M. Gould；*The Enemy Within*.
7) A.R.Tamplin and T.B. Cochran; "Radiation Standard for Hot Particles"（1974年）
8) 市川定夫；『新環境論』（全3巻）藤原書店（2008年）
9) J.J. Mangano and J.D. Sherman：Int. J. Health Services, Vol.42, 47-64（2012年）．
10) 綿貫礼子・吉田由布子；『未来世代への戦争が始まっている』 岩波書店（2005年）
11) M.J.Eisenberg et.al カナダ医学会誌（2011年）183巻 430-436.
12) ジョセフ・ジェームズ・マンガーノ；『原発閉鎖が子供を救う』戸田清、竹野内真理訳、緑風出版（2012年）Joseph J. Mangano 著、"Radioactive Baby Teeth：The Cancer Link"（2008年）
13) 核戦争防止国際医師会議ドイツ支部「チェルノブイリ原発事故がもたらしたこれだけの人体被害」合同出版（2012年）

5節　社会における科学者と原発

2011年3月11日に発生した福島第一原発事故は地震とその津波で炉心が溶融し、圧力容器の底が破れ、更に溶融した炉心は格納容器の底を突き破ったのではないかと思われる。原子炉の地下で熔けた炉心が地下水を汚染していると思われる。チェルノブイリ事故に匹敵する4基の原発を巻き込む世界史上最大の原発事故となった。これは物理学の成果である原子核物理学がもたらした人類への災害として、ヒロシマ・ナガサキの原子爆弾による被害を

超えるかもしれない。放出された死の灰はセシウム137だけでも政府の発表で、ヒロシマ原爆の168発分とされている。核爆弾による被爆を経験し、核兵器の廃棄を世界に訴えてきたわが国が、自らの手で最大級の核被害を世界にもたらしたとは信じられないことである。我々は核兵器のみの廃絶をめざし、同じ被曝をもたらす原発の危険性を不覚にも軽視してきたのではなかったか。今回のフクシマ原発事故はわが国の科学者、ヒバクシャ、市民が粘り強くその廃止を訴えてきた核の被害を自らの手で招来したことで、わが国の平和運動にとって深刻な反省を迫るものである。我々は核の平和利用と称する核エネルギー利用の危険性について総合的な判断を誤ったのだと思う。その例がスターングラスやグールドたちによって警告された核実験のフォールアウトの被曝による乳児死亡と原発周辺地域の放射性物質放出による乳がんなどの被害の軽視であったと思う。

その意味で原子力の推進を先導し、それに協力してきながら、それ故、最も原子力を科学的に理解する立場にありながら、原発事故の危険性を社会に警告せず、原発事故を防ぎ得なかった私たち物理学者の責任は重大である。それにもかかわらず、物理学会はじめ原子核研究者から、今回の事故に対する責任の自覚、お詫びと反省が見られないのは理解しがたいことである [1, 2]。反省や責任の自覚のないところには、真剣な総括や分析も期待されない。全てが他人の責任とされるからである。我々は自然科学のみならず、政治・経済学の社会科学も総合して「核エネルギーの利用と人類の未来」について考察し、誤りの原因を明らかにする責任があると思う。

物理学の歴史など科学技術の歴史的役割を研究してきた今は亡き広重徹氏は『戦後日本の科学運動』を著し、原子力の平和利用に対する科学者の責任を追及している [3]。つまり、物理学者を中心とする日本の科学者は、原子力を自分たちの科学研究の対象としてのみ捉え、平和利用三原則の下に自主開発を目指した。しかし、現実において、エネルギー生産手段や軍事手段として捉えた産業界、政治・経済界に原発に対する主導権を奪われてしまった。その原因の一つは学者・科学者の現実の政治経済に対する理解が重大な欠陥を持っていたことにある。戦後復興した日本の独占資本は、独自核武装と原子エネルギーの産業利用をもくろみ、日米協力の下に原子力発電を推進しようとしていたことである。この独占資本の力を押しのけ平和利用三原則の下

に科学者の自主的な原子エネルギー開発を行なうことは夢のようなものであったのである。何故なら、4章で述べるように、独占資本を中心とする原子力推進体制は強力であり、本来、労働者、勤労者の広範な支持なしには対抗できないものであったのである。結局、政財界に協力する科学者の主導の下に全体が「平和利用」に巻き込まれていったのである。原子力研究に手を染めながら、原子力発電に対する責任を途中で放棄した科学運動を広重氏は批判している。

『戦後日本の科学運動』は安保条約改定の1960年に初版が出版された古いものであるが、重要な指摘がある。序文で広重氏は次のように書いている。「今後の科学運動は、民衆の福祉と結びつく形で科学を発展させることを目指す以上、単なる合理主義を超える思想を自己のものとしなければならない。どうしても、なんらかの形で新安保体制下の独占資本主義との対決を課題としていかねばならないであろう。もっとも、それは口で言うのはやさしいが、実際に運動の中でどのように具体化するかとなるときわめて難しい。それに対するできあいの答はまだない」。

「三原則の評価」では「前節で述べたような議論で何よりも欠けていたのは、日本の産業界の具体的な動向に対する関心であった。もろもろの独占体が自らの関心に基づいて原子力をとりあげ、運用しようとしていることにはほとんど関心が払われず、一足飛びに植民地化・原子兵器製造という結論に行き、議論は戦争か平和かという形で進んだ」。

「三原則を打ちだしたとき、科学者は条件闘争に転じたわけである。ところで条件闘争というものは、闘争する主体がその問題の中に直接身をおいてこそ、なんらかの効果があるものである。原子力の場合には、三原則という条件を出した科学者は、原子力の研究・開発の中にいたのではなかった。その外回りにいて、やいやい言っていただけであるから、三原則は条件闘争の条件としての効力を持つことができなかったのである」。

「自分の主観を現実そのものと錯覚するのではなく、社会を全体的・客観的に考察してみれば、イニシアティブをとっていたのは明らかに独占資本の側であり、1955年から56年にかけての原子力と科学者の関係の変化は、原子力産業にのりだそうとして動き始めたわが国の独占が科学者を飲み込んでいったということなのである」。

こうして、我々物理学者は原子力の火をつけながら、その燃え盛る炎から手を引き、燃えるがままに任せてきたのである。物理学者は、54基にも上る原発が日本のような地震国で安全に運転できるかどうか、疑問に思ったことはないのだろうか。阪神淡路の大震災以来、女川、志賀、柏崎などの原発で耐震設計を超える地震動が観測され、地元住民はもとより心ある人々が原発震災の危険性を警告してきたのである。それらを無視し、物理学者はむしろ原子核研究を通じて核エネルギーの利用を支持し、その予算的措置などで利益を共有してきたのである。それ故、我々は単に核エネルギーの利用という狭い物理学の知識のみではなく、政治経済を含めた現実の世界での原子力を分析することなしに、未来の方針を提起できないのである。これも広重氏の遺言ともいえる正しい指摘であると思う。
　「結びに代えて」で広重氏は言う。「私は近代化と民主化という言葉を意識して使い分けたつもりである。近代化とは封建制に対置される概念である。それに対して民主化という言葉の今日的意味は、資本の独裁を排して大多数の国民の利益を擁護するということである。ともすれば全ての『悪』の根源を封建制に求めようとする従来の科学運動の考え方に対して、私は、科学運動のたたかいが向けられるべき主要な対象は近代化された独占資本主義下の科学研究体制であることを主張したのである。学界にいま封建的な部分が残存していることくらい、指摘されるまでもなく私もよく知っている。しかし、それらの残存物をさがして攻撃しているだけで、いっぱしの科学運動を進めている気になっていると、全体としての独占資本主義体制に押し流されてしまうということを警告したいのである」。
　50年前の広重氏の警告のとおり、すっぽり研究者、科学者は独占資本の下に組み込まれて原子力村の構成メンバーになってしまった。前節までに見た物理学者や放射線医学者の原子力推進に対する協力はその例であり、国家独占資本主義下における科学技術とその推進者、協力者の姿として、根深い根源をもつものである。むしろ科学者は労働者、農民、漁業、畜産、林業などの勤労者と共に独占資本の専制に対抗して、反独占民主主義を拡大し、基本的人権を擁護しなければならない。絶対的な貧困化が進んでいる日本の現状において国民の生活を守り豊かにさせなければならない。そのための国家独占資本主義の分析は次の渡辺の四章において展開される。

私も含めて物理学者に不足しているのは放射線被曝に関する知識と理解であると思う[4, 5]。特にJ.グールドたちの原子炉周辺の被曝による健康破壊の疫学的解析は科学の力と素晴らしさを教えてくれる[6]。

　また、日本の科学者に不足しているのはヒューマニズムと倫理観である。L.ポーリング（蛋白質の高次構造と機能の関係を明らかにした物理化学者）は核実験によるフォールアウトによる放射線被曝による乳児の死亡を推定し、その重大性を警告している。私たちはL.ポーリングの人類の生命を大切にするヒューマニズムに富んだ態度と、科学者としての責任を果たそうとする倫理観にも学ばなければならないと思う[7]。それを基にして社会を変革するために、原発を推進する独占資本を規制し、対決していかなければならない。

【参考文献】

1) 山田耕作；日本物理学会誌66（2011）No.6, 594.
2) 山田耕作；日本物理学会誌66（2011）No.10, 790.
3) 廣重　徹；『戦後日本の科学運動』（1960）中央公論社
4) 中川保雄；『放射線被曝の歴史』（1991）技術と人間．増補版（2011）明石書店．
5) 矢ヶ崎克馬；隠された被爆（2010）新日本出版
6) ジェイ・マーティン・グールド；『低線量内部被曝の脅威』（2011）肥田、斉藤、戸田、竹野内共訳、緑風出版、Jay. M. Gould；*The Enemy Within.*
7) Linus Pauling.Science 128,No.3333,（1958）1183.

第四章 マルクス主義経済学からの原発批判

――電力の懲罰的・没収的国有化と民主的統制を――

渡辺悦司

本章における課題は、マルクス主義経済学の観点から、原子力発電および今回の福島原発事故をどのように評価すべきか、また反原発・脱原発を求める広範な社会的運動に何を政策提起できるか、である。マルクス主義経済学は、その理論の導くままに、本来言うべきことを言わなければならない――これがここでの筆者の信念である。本章では、上の課題についてできるかぎり概括的に述べることに努力したが、事故の技術的側面の詳細な分析や運動の進め方に直接関わる戦術的課題などについては、現に運動に携わっている方々に任せることにしたい。筆者は、事故後、2011年5月末から6月初めまでに「福島原発事故の教訓と原発全面廃棄への展望」(未定稿 2011年6月8日付)を書き、更に、同年末、これに必要最低限の加筆訂正を行なった論考「マルクス主義経済学から見た福島原発事故と脱原発への展望」(『物性研究』2012年3月号 所収)を執筆した。本稿は、後者をベースに、更に最近の情勢の展開に関連して大幅に加筆整理したものであることをお断りしたい(敬称は全て省略する)。

1節　事故評価の根本問題――原発の本質的危険性

　事故の評価にとりかかる前に、まず、原子力発電に関する根本的問題をはっきり提起しなければならない。それは原発が「本質において」危険であるという一語に尽きる。この「原発の本質的危険性」という概念は、反原発運動が出発のとき[注1]以来半世紀以上にわたり一貫して主張し展開してきたも

[注1]　森滝市郎『核絶対否定への歩み』(渓水社、1996年)によれば、1955年1月、広島に原発を建設するというアメリカ側の提案に対する反対運動が広島において闘われた。これは、ほぼ同時期から始まった関西地区における京大原子炉建設反対運動と並んで、おそらく日本で最初の反原発運動のひとつであろう。
　　1955年1月30日付の原水禁広島協議会の反対声明は、すでに原発の本質的危険性を萌芽的な形であれ見事に要約している。
　　「この声明の原文はいま探し出せないのが残念であるが、中国新聞に載った声明要旨は以下の通りである。
　　　1. 原子力発電所装置の中心となる原子炉は、原爆製造用に転化される懸念がある。
　　　2. 原子炉から生ずる放射性物質(原子核燃料を燃焼させて残った灰)の人体に与え

のである。それは、筆者なりに解釈すれば、およそ以下のように要約することができる。

(1) 原子力発電の危険は核兵器の危険と同じである。原発は、成り立ちにおいて核爆弾製造から派生した技術であるだけでなく、運転そのものが核爆弾の爆発と同一の過程を別な形で——核分裂物質を炉内に閉じ込め・核反応を制御し・冷却するという形で——再現したものである。核爆弾同様の超巨大な破壊力を秘めた過程を、完璧かつ永遠に閉じ込め、冷却し、管理しておくことは人間には不可能である。一旦事故が起こり、制御・冷却ができなくなれば、核爆弾の爆発と同一あるいは類似の破壊的作用——その全部あるいは一部——が現実化し、「死の灰」と同じ放射性物質が環境中に放出される結果にいたるほかない[注2]。事故が起これば生産力は原爆と同様の破壊力に転化する。この危険は、予見しうる未来について、数十年のスパンだけではなく、おそらく百年・数百年のスパンでも、しかも社会体制の如何に関わらず（すなわち資本主義においてのみならず社会主義においても）、人類が科学・技術によって克服することは不可能である。

る影響・治療面の完全な実験が行なわれていないため重大な懸念がある。
　3. 平和利用であっても、原子力発電所の運営に関してアメリカの制約を受けることになる。
　4. 更に、もし戦争が起こった場合には広島が最初の目標になることも予想される。
　5. 原爆を落とした罪の償いとして広島に原子力発電所を設置するということもいわれているが、われわれは何よりも原子病に悩む数万の広島市民の治療、生活両面にわたる完全な補償を行なうことを要望する」（同4ページ）。
　森滝はあわせて「原子力発電所から出る微量放射能の危険」も当時議論になっていたと証言している（同5ページ）。森滝の本著作の該当部分は原水禁止日本国民会議のホームページで読むことができる（http://www.gensuikin.org/data/mori1.html
　なお森滝と原水禁国民会議が本格的に反原発運動に取り組むようになるのは、1976年の「被曝31周年原水爆禁止世界大会」からである。同年の原水禁国民会議「長崎大会宣言」は次のように述べていた。『平和利用』を含む『いかなる核にも反対する』という原理を声高らかに宣言します。人類は核との共存はできないからです。」（中国新聞社編『ヒロシマ40年　森滝日記の証言』平凡社、1985年、301ページ参照）

[注2]　池田諭は、事故以前に書かれた著作で「原発は、常時、膨大なエネルギーを制御システムで押さえ込んでいる。その制御システムが故障すると、押さえ込んでいたエネルギーが急に解放され、機器や容器を破壊し、壊滅的な大規模事故につながる」と述べている。現代技術史研究会編『徹底検証　21世紀の全技術』（藤原書店、2010年）第15章第4節「原発事故の恐怖」参照。

(2) 原発の運転は、したがって、使用済み核燃料すなわち原爆同様の「死の灰」を、人類にとって処理不可能な量で出し続け、累進的に蓄積していく過程である(日本だけでも毎年広島型原爆に換算しておよそ5万発分が排出されている)。原発は「トイレのないマンション」と呼ばれるように、核廃棄物の無際限の──すなわち人類の死にいたるまでの──蓄積を前提として稼働している(表1)。

表1 久米三四郎による「原発が生み出す『核の毒』」

電気出力100万kW原子炉1基が1年間運転すれば:
○ウランの必要量
 ウラン　　　　　　　　　　　　140トン
 ウラン鉱石(0.2%として)　　　　7万トン
 〝残土〟込み　　　　　　　　　　70万トン
○「死の灰」生産量　　　　　　　広島原爆1000発分
 セシウム-137だけで　　　　　　 20京ベクレル
○プルトニウム生産量　　　　　　250kg
 核爆薬として　　　　　　　　　長崎型20発分
 放射性毒物として　　　　　　　600兆ベクレル
○放射性廃棄物(「核のごみ」)
 「ウラン廃棄物」　　　　　　　200万本(ドラムカン換算)
 「低レベル廃棄物」　　　　　　1000本(ドラムカン換算)
 「超ウラン廃棄物」　　　　　　1000本(ドラムカン換算)
 「高レベル廃棄物」　　　　　　30本(キャニスター換算)

久米三四郎『科学としての反原発』七つ森書館、2010年、171ページより

(3) 原子爆弾の爆発と同じ過程を取り扱う以上、「安全な原発」というのは、概念的に「絶対に」また「完璧に」安全な原発でなければならない。したがって、「安全な原発」というのは「破壊しても破壊されない」というに等しく、本来的に技術上不可能である。いかなる地震・津波など自然災害(更には竜巻、台風、洪水、高潮、山火事、火山噴火、落雷、地滑り、地盤沈下など)にも耐え、航空機の衝突、火災、戦争・テロ攻撃などによる軍事攻撃や破壊活動にも、更にはコンピューター制御システムへのサイバー攻撃[注3]などによる人為的破壊にも耐え、設計不良・工事ミス・

[注3] 原発・電力網・核施設などをめぐるサイバー戦争は全世界で現に始まっており、その危険は想像以上であると考えなければならない。ニューヨーク・タイムズによれば、イスラエルとアメリカの諜報機関が共同で開発した可能性の高い、最先端のコンピューターワーム・「スタックスネット」は、実際にイランの核濃縮施設に侵入し、その能力の5分の1を破壊したと伝えられる(Stuxnet / New York Times

ソフトのバグ・操作ミスなどに対しても、設備の経年劣化や放射線による機器の脆化損傷に対しても、「電源喪失」の事態が生じることなく「冷却」が保障され、それによって炉の安全性が確保され、更に使用済みの核燃料が数千年・数万年あるいはそれ以上の単位で長期間にわたり漏れ出すことなく保存と管理が完全に保障されるような、そのような「安全な原発」すなわち「絶対的な安全性」を有する原発というものは、技術的にありえない。

(4) しかも、この「安全」とされる条件を、資本主義の下で、原発が資本として機能するという前提の下に、すなわち原発が利潤を生む形態で、保障することは、なおさらに不可能である。マルクスが『資本論』第3巻第1編第5章において指摘しているように、資本主義の下では、資本の利潤率を高めるために、労働者・住民・環境を犠牲にした「不変資本の節約」が不可避的に生じる。「安全な原発」というものは、技術的にと同時に経済的に、いわば「二重に」不可能なのである。現実の原発は、利潤が上がるように、本来技術的には可能であってもそのレベル以下に「安全レベルを引き下げられた」資本設備なのである[注4]。

(5) 上記の事情に、日本の地理的特質からくる特殊な危険性が付け加わる。世界的に見て、日本は地震国であり、大規模な地震が非常に多い。

電子版 2011年1月15日 http://topics.nytimes.com/top/reference/timestopics/subjects/c/computer_malware/stuxnet/index.html）。詳細な解説は同1月17日付の以下を参照（http://www.nytimes.com/2011/01/16/world/middleeast/ 16stuxnet.html?pagewanted=all ）。ロイター通信によれば、このときロシアがイランに建設中の原発においても、同様のサイバー攻撃が行なわれ、NATOのロシア代表は「チェルノブイリ事故の規模での核災害を誘発する恐れがあった」と警告している（Russia says Stuxnet could have caused new Chernobyl / Reuter 同1月26日付 http://www.reuters.com/article/2011/01/26/us-iran-nuclear-russia-idUSTRE70P6WS20110126 ）。アメリカCBSテレビは、2012年3月4日、「スタックスネット：コンピューターワームが戦争の新時代を開いた」と題する特集を組み、特に原発がサイバー戦争の重要な標的の一つになっていると強調している（Stuxnet: Computer worm opens new era of warfare http://www.cbsnews.com/8301-18560_162-57390124/stuxnet-computer-worm-opens-new-era-of-warfare/ ）。

[注4] 原発の設計に携わった技術者・田中三彦によれば、現実の原発は、化学プラントなどと比較してさえ「安全係数を下げられた」設備であると証言している。特に古い原発になるほど「安全基準」は「虚構」となっているという。『世界』（岩波書店）1988年5月号 田中三彦「原子炉安全基準の虚構」。同『原発はなぜ危険か 元設計技師の証言』（岩波新書、1990年）。

政府の『防災白書』の資料によれば、1996年から2005年の間に世界で起こったマグニチュード6以上の大地震の2割以上（20.8%）は、日本とその近海で起こっている[注5]。しかも日本では、活断層のない地域はなく、原発立地点の全てについて直下あるいは近傍に活断層あるいは活断層である可能性がある断層が存在する。すでに今回の事故以前から、原発の建設基準となっている数値以上の地震動と津波に襲われる危険は、日本ではきわめて高いと考えられてきた[注6]。日本に原発を建設することは、この点からだけから言っても、本来やってはならないことであった。更に、この根本的な問題点を留保するにしても、最低限必要な一定の地震・津波対策さえ、それを講じれば原発の建設・設備コストを高め電力会社の利潤を低下させるので、結局とられないままに放置されてきた。

(6) 原発の設備・配管などは、放射線によって通常のプラントより急速に脆性劣化する。特に、中性子照射による原子炉圧力容器の脆性劣化（脆性遷移温度の上昇）は最も危険であり、原発の長期間の使用は重大事故の危険性を著しく高める。脆性遷移温度が上昇することによって、事故時に緊急冷却すると、原子炉容器が、冷却自体によって破壊される危険性が高まるからである[注7]。

(7) 核物質の「閉じ込め」は実際には虚辞であり実現されていない。原発の日常的な運転自体が、原発および関連産業での労働者の大量の放射線被曝により成り立っているだけではなく、常に環境中に放射性物質を放出し住民に被曝を強いることを前提として成り立っている。原発技術には致命的な欠陥があり、労働者と住民の被曝が原発運転の不可欠の条件であり、同時に不可避的な結果である。すでに広島・長崎の原爆被爆者の認定をめぐる法廷闘争が証明したように、放射線被曝は低線量であっ

[注5] 『防災白書』（http://www.bousai.go.jp/hakusho/h18/BOUSAI_2006/html/zu/img/zu1_1_01.jpg）において見ることができる。
[注6] 高木仁三郎「核施設と非常事態——地震対策の検証を中心に」『日本物理学会誌』第50巻第10号。以下のサイトで読むことができる（http://ci.nii.ac.jp/els/110002066513.pdf?id=ART0002195281&type=pdf&lang=jp&host=cinii&order_no=&ppv_type=0&lang_sw=&no=1330961338&cp=）。
[注7] 田中三彦前掲書（1990年）第2章参照。

てもきわめて危険であり[注8]、低線量被曝は、すでに事実として、原発労働者・地域住民・国民全体の健康を蝕み、免疫力を低下させ、知的精神的能力を阻害し、遺伝子異常を積み上げ、大量の人々のがんによる早死等々をもたらしている[注9]。

(8) 資本主義が「賃金奴隷」制であるとすれば、原発とは「被曝奴隷」制である。原発における労働過程は、高度に自動化された部門（特に制御部門）と、被曝を伴う危険な――生命を確実に切り縮める非人間的な性格の――単純労働（例えば被曝環境下での手動による部品の着脱、雑巾による放射性汚染物質の拭き取り、核貯蔵プールに潜っての作業など）とに鋭く分裂している。後者を自動化しロボット化する技術革新は、「生きた」労働よりも費用がかかるので、現実には生じておらず、大量の作業員を投入した「人海戦術」的作業として行なわれている状況が続いている。莫大な被曝労働の存在は、生産力としての原発の前提である。このような生産力上の本質的欠陥は、原発をめぐる生産関係に規定的に反映している。それは、そこでの労働関係を複雑化し、私的独占資本主義的・国家独占資本主義的関係を頂点にしながら、その裾野に種々の中間搾取が、それも前資本主義的な暴力的・債務奴隷的な外的強制をも含む搾取関係が、必然的に絡まって来ざるをえなくしている。この原発被曝労働をめぐる強制関係を別な面から見ると、原発と核産業は、国際的にも国内的にも「被曝植民地主義」であるとも特徴づけられる。被曝を強要され確率的に確実に死へと追いやられる大量の労働者および住民の――自由に逃れることができないという意味で――半奴隷的な社会経済的関

[注8] 矢ヶ崎克馬『隠された被曝』（新日本出版、2010 年）参照。
[注9] この過程のアメリカについての分析は、グールド『低線量内部被曝の脅威』（肥田舜太郎他訳、緑風出版、2011 年）に詳しい。同じ過程は、日本においてもすでにはっきりと現われている。今回の事故以前に、日本政府の『人口動態調査』は、原発周辺地域でのがんによる高い死亡率を示していた。佐賀県の玄海原発周辺では、白血病の高い死亡率が記録され、2009 年統計で唐津市では全国平均の 2.7 倍、玄海町では 10.2 倍にまでなっている。この問題を最初に唐津市議会で追及した浦田関夫市議のウェッブページを参照（http://blog.goo.ne.jp/kmjcp/e/93b088957884693635f5faf568a9d0ed）。原発が集中的に立地している福井県では、敦賀市で悪性リンパ腫の死亡率が明らかに高くなっており、敦賀原発の対岸地区では全国平均の 12 倍にのぼっているといわれる（『暴走原発列島』オークラ出版、2011 年、また明石昇二郎『敦賀湾原発銀座 悪性リンパ腫多発地帯の恐怖』技術と人間、1997 年）。

係は、原発内から、原発立地地域に、全世界的規模に広がっている。原発は、原住民居住地や発展途上国におけるウラン採鉱からはじまって、原発の運転、更には核廃棄物の再処理・貯蔵にいたるまで、劣悪で非人間的な労働条件下にあえいでいる原発・核関連労働者と関連施設周辺地域住民に対する世界的規模での半奴隷的な支配体制の上に成り立っている[注10]。この意味で原発推進論者は「奴隷制論者」の現代版なのである。

(9) 原発は民主主義と両立しない。原発は民主主義の危機であり、民主主義を死に導く病を意味する。第1に、原発の推進は、この本来危険な事業を、「安全」「必要」「幸福」と国民大衆に信じ込ませておくためのデマゴギーとプロパガンダによる支配を必要とする。第2に、原発推進のためには原発事故や放射線被曝の危険性や被害の実態をどんな手段を使っても隠しておかなければならず、したがって原発を推進する勢力は、否応なく、国民全体への高度の情報操作と秘密主義、心理作戦の常態的な組織化を志向する。つまり原発推進は、少しでも疑問を抱く者、批判する者、事実を究明しようとする者を徹底して排斥し抑圧する専制的政治社会体制を要求する。原発は、その存在そのものが、民主主義の根底からの破壊を、「原発独裁制」「原発全体主義」（佐藤栄佐久前福島県知事）を客観的に要求するのである。

(10) 原発の推進は、とりわけ再処理・核燃料サイクルの推進は、核兵器製造の物質的・技術的準備と不可分であり、特にプルトニウムの蓄積をつうじて、核武装の危険を高める。原発が、新興諸国に、発展途上世界に拡大していくことは、核兵器の拡散の危険性を高め、住民被曝の強要は核兵器使用への政治的社会的な敷居を下げ、局地的にも全世界的にも核戦争の危険をいっそう高める。こうして核兵器から始まった原発の危険は、ふたたび核兵器の危険、核戦争の危険に帰ってくる。

(11) これら全てについて、原子力発電とは、放射能と放射線被曝による、

[注10] この点については、堀江邦夫の業績（『原発ジプシー』現代書館、1979年）がよく知られているが、ここでは加えてレスリー・フリーマン（中川保雄・中川慶子訳）『核の目撃者たち　内部からの原子力批判』（筑摩書房、1983年）をあげておこう。最近のものでは、日本弁護士連合会編『検証　原発労働』（岩波書店、2012年）および鈴木智彦『ヤクザと原発　福島第一潜入記』（文藝春秋社、2011年）がある。

人類の、ゆっくりとした、だが着実な「死への行進」に等しい。原発のもたらす危険は人類の生存の危機である。原発をすみやかに全面停止し、廃炉にし、原発の全面的廃止に向かって進む以外に、人類の生存を確保する途はないし、またありえない。

これらの内容は、全て、従来から反原発運動が、更には多くの良心的な科学者たちが、繰り返して指摘し、主張し、科学的に証明してきたところであった[注11]。今回、巨大地震と大津波に続いて起こった福島原発事故は、反原発運動とそれを支持した数多くの科学者たちのこのような主張が正しかったことを、途方もない悲劇によって、絶対的な形で、実証した。われわれは、まず第一に、このことを確認しなければならない。

福島事故はいわば自然が人類に与えた「教訓」である。人間の意識から独立した自然の存在を超越的な「神」としてみる多くの人々にとっては、これは「神の警告」であろう。当時の与謝野経済財政相は、事故について「神の仕業」（ラテン語で不可抗力の意味）だと発言し、石原東京都知事は「天罰」だと述べた。これらの人々は、東電の責任を否定するために「神」を持ちだしているなどと批判されて、あわてて発言を撤回したが、おそらく彼らは自分の発言の深い意味に恐怖したのである。彼らの発言は、人々が「神の警告」を省みないならば、スリーマイル・チェルノブイリ・フクシマと続いてきた惨劇が、今後更に、日本においてもまた原発の立地している世界各地においても、何度も何度も繰り返されるほかない、という絶対的真理を示唆していたからである。

2節　原発事故としての福島事故の問題点

福島原発の事故の全貌はまだ明らかになっていない。東電と政府が真相を意図的に隠していることは明らかである。現在までに公表されている情報を

[注11] 他の箇所で引用した文献の他に、ここでは、市川定夫『新・環境学　現代の科学技術批判Ⅲ』（藤原書店、2008年）、高木仁三郎『原子力神話からの解放』（講談社、2000年）だけをあげておく。

詳細に収拾し分析し評価する仕事は専門家に任すほかないが、1～4号炉を全体としてみた場合、概略以下の事態が事実として生じたことは確認できるであろう[注12]。

①地震の振動によって、原発の一部の重要設備が損傷を受け（送電鉄塔の倒壊・受電施設の破壊・配電盤の破損・ケーブル切断などが確認されている）、外部との電力接続が切断され、おそらくは原子炉蒸気配管が破断し[注13]、緊急冷却機能の少なくとも一部が、津波の到来以前に失われた。

②津波によって、緊急用ディーゼル発電装置が水没・流失し、完全な「電源喪失」が生じ、原子炉の冷却機能が完全に失われた。

③冷却できなくなった燃料棒が溶け落ちて炉心溶融（メルトダウン）が生じた。

④溶融した炉心により圧力容器が溶けて底に穴があき、溶融した炉心の一部あるいは大部分が格納容器内に落ちた（メルトスルー）。

⑤建屋内にある使用済み燃料プールの冷却ができなくなり、使用済み核燃料が発熱によって高温になり、放射能を放出した。

⑥高温の燃料棒のジルコニウムと水との反応によって、水素が大量に発生し、水素爆発が生じた。

⑦溶融し落下した炉心により、あるいは何らかの爆発により、格納容器が破壊され穴があいた。

⑧大規模な爆発により原子炉建屋上部が吹き飛ばされ、放射性物質がプルームとなって大量に放出された。爆発は「水素爆発」とされているが、特に3号機については、水素爆発と合わせて「核爆発」が生じた可能性がきわめて高い。

⑨冷却のために外から放水および炉内に注水したが、それによって高濃度

[注12] ここでは主として『日本経済新聞』2011年6月2日、『日経サイエンス』2011年7月号を参照した。政府の事故調査委員会の『中間報告』（2011年12月26日）は、東電と政府の事故対応の検証に主眼を置き、地震動ではなく津波だけによって事故が起こされたという一方的な推定を最初から前提にし、また対応の不備によって事故が生じたとする考え方を強く打ち出しており、事故自体の客観的な全体像を明らかにしようとしていない。

[注13] 政府『中間報告』は、地震動によって非常用復水器（IC）の配管の損傷がなかったと主張し、それによって、地震動によっては原子炉や配管には損傷は生じなかったと強く示唆している。

の放射性物質が含まれる汚染水が大量に発生し漏れ出した。
⑩これら全体を通じて大量の放射能・放射性物質が、環境中に、すなわち大気・海・地下水のなかに放出され、広範囲に、全世界にばらまかれた。
⑪放射性物質を閉じ込める機能が失われたまま、放射能の放出が長期にわたり続いている。
⑫放射性降下物によって広範囲の土壌、耕地、牧草地、森林、水源、住宅、野外構造物など全てが汚染された。
⑬それによって飲料水・農畜産物・海産物・加工食品など食品が放射能汚染された。
⑭放射線への外部被曝と内部被曝が、周辺住民からはじまり、国民全体に、更には世界全体に、拡大した、等々。

　更に、(A)地震動だけでもメルトダウンを引き起こすのに十分な被害を原発に与えていた可能性、(B)「水蒸気爆発」も生じていた可能性、(C)更に「再臨界」が何らかの形で生じていた可能性、特に3号機の爆発について水素爆発に誘発されてプールにあった使用済み核燃料の「核爆発」が生じていた可能性、(D)これらが今後生じる可能性、(E)5号機および6号機（福島第一原発）においても、更には福島第二、東海、女川など他の原発においても、福島第一原発1～4号機と同様の何らかの爆発や放射能漏れが生じていた可能性などは、未決着の問題として残っている。

　(A)については、作業員の証言や、1号機の格納容器内の温度が地震動直後に急上昇した事実があったため、東電は、原子炉蒸気配管が地震動によって津波到来以前に破損した可能性を一旦は認めた（例えば2011年5月15日共同通信）が、その直後、「停電により空調が止まった」ためと説明して、これを否定した（同5月26日共同通信）。しかし『ネイチャー』誌に掲載されたノルウェー大気研究所の調査は、キセノン133が、地震波到来の直後から、すなわち津波到来以前に、漏れ始めていたことを明らかにしている[注14]。これは、すでに津波到来以前に原子炉が重大な損傷を受けていたことを疑いの余地な

[注14] *Nature* 478, 435-436（2011年10月27日号）日本語版ホームページ参照（http://www.natureasia.com/japan/nature/specials/earthquake/nature_news_102711.php で読むことができる）。あわせて元福島第一原発主任指導員の浅川凌『福島原発でいま起きている本当のこと』（宝島社、2011年）を参照した。

く示している。

　(C)の再臨界＝核爆発の可能性については、放射性塩素やテルルなど再臨界を示唆する物質が検出されていたにもかかわらず、東電と政府が、事故直後に中性子線を観測したという発表をしただけで、中性子線量の推移などこの可能性を容易に検証できるはずの測定データを公表せず、また放射性塩素の検出など再臨界を示す一部データは一度公表しておいて後に「測定ミス」として否定するなど、きわめて不自然かつ不可解な行動をとってきている。測定データをもっているはずのアメリカ政府も沈黙しており、日米の共同した意図的な隠蔽が疑われる。この問題が今後の事故解明の中心課題の一つになることは疑いえない。

　この点では、最近、新しい展開があった。平智之と鳩山由紀夫は、国会議員有志の事故調査委員会を代表し、国際的な自然科学雑誌『ネイチャー』(2011年12月15日号) に論文「福島第一原発を国有化せよ」を寄せ、①放射性塩素が現実に検出されていたこと、②プルトニウム・キュリウムなどの重い元素が最大45キロも離れた地点から検出されていること、③3号炉について煙の色が水素爆発を示す白煙ではなく黒かったこと、③建屋の鉄骨が熱でねじ曲がっておりこれだけの熱は水素爆発では生じないこと、等を挙げ、爆発が「再臨界」「核爆発」であった証拠があると述べている[注15]。

[注15] 平・鳩山論文「福島第一原発を国有化せよ」は、事故を評価する上できわめて重要であるので、長くなるが以下に引用する。
　「4月20日、東京電力は以前の報告を撤回し、Cl38もNa24も検出されなかったと発表したが、その分析に用いたデータは公表しなかった。われわれBチームは、原子力安全・保安院を通じて東京電力のデータ（ゲルマニウム半導体検出器によるもの）を入手し、再度、分析を行なった。その結果、当初の報告に近い濃度（160万ベクレル/ml）のCl38が存在していたという結論に達した。われわれは、原子力安全・保安院と東京電力がこの検出を疑問視したことは根拠を欠くと考える」
　「爆発により、どれだけの量の、どのような種類の放射性物質がまき散らされ、どこまで拡散していったのか、そして、3号機のプールに貯蔵されている使用済み核燃料がどのような状態にあるのかを明らかにするためには、核爆発が起きたかどうかがわかっていることが不可欠である。2つの観察事実からは、核爆発がもっともらしいと思われる。1つは、ウランより重い数種類の金属が、原発から数十kmも離れた地点で検出されたこと。もう1つは、3号機の建屋上部の鉄骨がどうやら溶けたためにねじ曲がっていることである。
　文部科学省の報告によると、重金属元素キュリウム242（Cm242）が原発から最大3km離れた地点で、プルトニウム238（Pu238）が原発から最大45km離れた地点で検出されている。これらはいずれも猛毒であり、摂取すれば内部被曝を引き起こす。Cm242の半減期（約163日）が短いことと原発周辺のPu238の蓄積が通常よりはる

(D)については、次項で検討する。
　(E)については、事故当時の枝野官房長官の発表（2011年3月12日）でも、福島第二原発において1・2・4号機が「圧力抑制機能を喪失」したと報告され、第二原発周辺についても避難指示が出された。ジャーナリストの鈴木智彦は、東電関係者と下請け業者の話として、福島第二原発の放射能汚染も「異様に」高く、第二原発においても「水素爆発と考えるのが妥当な」「原子炉建屋が崩壊しない程度の小爆発」があった可能性を指摘している。更に原子炉台座部分に水漏れがあるという情報から判断して、第二原発でも原子炉容器が破損している可能性を示唆している[注16]。

3節　チェルノブイリ事故との比較、およそ2分の1の放出量、事故の内容としては福島の方がより深刻

　チェルノブイリ事故との比較は、これら事実の全体を確認した上で、行なわれなければならない。
　まず第1に、放射性物質の放出量だけから言っても、福島事故は、チェルノブイリよりも特に軽度であったということを意味しない。
　福島事故の規模については、放出された放射能量の政府推計に依拠して、

　　　かに多いことから、文部科学省は、これらは過去の大気中核実験の放射性降下物ではなく、福島第一原発から放出されたものと考えられると結論付けた。その場合、破損した使用済み燃料棒が現場周辺に散乱している可能性があり、非常に危険である。
　　　これらの元素は、より軽いセシウムやヨウ素のように放射性プルーム（放射性雲）にのって運ばれることはないため、非常に大きな力で吹き飛ばされたと考えられる。水素爆発に、重金属元素をこれほど遠くまで拡散させる威力があるのかどうかは不明である。また、水素爆発は、鋼鉄を溶かすほどの高温を発生させなかったであろう。東京電力は当初、3号機の爆発により白煙が発生したと発表していたが、再調査により、煙は黒かったことがわかっており、ただの水素爆発ではそのような色にはならないと考えられている。したがって、核爆発であった可能性がある」
　　　これは日本語版のホームページで邦訳を読むことができる（http://www.natureasia.com/japan/nature/specials/earthquake/nature_comment_121511.php）。
　　　他に、アーニー・ガンダーセン、岡崎玲子訳『福島第一原発――真相と展望』集英社、2012年、59～69ページ参照。原発技術者として浅川凌も「水素爆発」説に疑問を呈している。浅川前掲書、44ページ。
[注16]　鈴木智彦前掲書160～161ページ。

チェルノブイリの「約1割」という評価がなされ、この数字が一人歩きしてきた（政府は2011年6月になって15％と訂正、2012年2月2日に再度1割に戻している）。だが、これは、明らかに過小評価であると言わなければならない。この推計は、日本国内のモニタリングポストのデータに基づくもので、太平洋上空に流れ出たり、海に流れ込んだり、汚染水として溜まったり、地下に漏れたりした放射性物質を含んでいない。原子力安全委員会自身が、この数字を発表する際、環境内に漏れた放射性物質の量が、チェルノブイリ事故の「約3割」にまで膨らんでいる可能性があると述べている（『日本経済新聞』2011年4月13日の報道）。マスコミもこの「3割」という数字に注目しておらず、「1割」の数字だけが強調されている。

ノルウェー大気研究所のストールらは、日本国内だけでなく世界各地にある数十カ所の放射性核種モニタリングステーションで観測されたデータに基づき、更に包括的核実験禁止条約機構（オーストリアのウィーンに本部がある）が核実験の監視のために運用している世界規模での観測ネットワークのデータ、またカナダ・日本・ヨーロッパの独立観測ステーションのデータも付け加えて、これらをヨーロッパと米国が保管している広域気象データと組み合わせ、放出量の推計を行なった。それによれば、セシウム137に関して、福島事故は、チェルノブイリ事故の放出量の約半分に相当するとされている[注17]。おそらくこの推計が最も現実に近いと思われる。

事故のスケールについは、日本政府自身が、1カ月後になって（2011年4月12日に）、放射性物質の放出量推計にもとづき、チェルノブイリ事故と同等の水準（「レベル7」）に引き上げた。このことは、日本政府として、福島事故が、放射性物質の放出量だけから言っても、チェルノブイリと「比較しうる程度にまで」深刻な事故である事実を公式に認めたということを意味する。チェルノブイリ事故の1割ないし3割あるいは5割としても、セシウム換算で、広島型原爆のおよそ80〜400発分の「死の灰」がすでに漏れたことになる（2011年8月末に政府は168発分と発表）。2011年12月の野田首相による偽りの「終息宣言」にもかかわらず、福島の事故は収束しておらず、核物質は外気に曝されたままであり、汚染水は漏出し、セシウムやキセノンなどの

[注17] 前掲 *Nature* 478, 435-436（2011年10月27日号）日本語版ホームページ参照。

放射性物質の放出はいまだ続いているので、上記の数字も決して最終的なものとはいえない。

更に、事故そのものの性格を全体として考慮すれば、福島の事故の方が、チェルノブイリ事故よりも、原発のもつ本質的な危険性をいっそうストレートかつ広範囲に示したということができる。その意味では、福島の事故の方が、チェルノブイリ事故よりも、事故の内容から見て、いっそう本質的で深刻な事故であるといえる[注18]。少なくとも以下の点が確認できる。

第1は、福島では、スリーマイル事故時のような「機器の重大な故障」や「操作ミス」も、チェルノブイリ事故時の「運転員の重大な規則違反」もなかったとされるにもかかわらず、1から4号炉全てについて、基本的には人間の力の及ばない自然の外的な力による破壊によって、メルトダウン(「トリプル・メルトダウン」と名付けられている)および爆発(水素爆発およびおそらくは核爆発)を含む破局的な事故が生じた、という点である(東電・政府の一連の事故対応、例えば一部の炉の緊急冷却を一時停止したこと、海水注入を遅らせたことなどについて、この点を検証することは今後の課題である。おそらく、地震・津波による自然的な破壊を基本として、それに人的エラーが重なって、事故がいっそう深刻化したということになるであろう。自然的な破壊が事故の基本線を規定し貫徹したことは否定できない。この点を真正面から認めることは、決して東電の責任を軽減するものではない。巨大地震と大津波が予想された場所に原発を集中立地させ、しかも何ら真剣な対策もとってこなかったという経営判断自体に対して、東電は最大の責任を負わなければならないからである)。

第2は、チェルノブイリでは事故後10日間で制御にほぼ成功したといわれているが、福島では1年が経過しているにもかかわらず、事故の終結はおろか、放射能の漏出を止めることに、めどさえ立っていないという点である。現在、事故後に急遽工事が行なわれた汚染水浄化装置のバルブや配管パイプ(多くは塩化ビニール製)が劣化し、いたるところから汚染水が漏れるようになっている。また海水をかぶったタンクなども腐食されて汚染水が漏出して

[注18] 欧州放射線リスク委員会(ECRR)代表のクリストファー・バズビーは、福島事故が「チェルノブイリよりも深刻」であると評価している。「クリストファー・バズビー氏インタビュー——米国まで広がったプルトニウム」『週刊金曜日』2011年7月8日参照。

いるといわれる。状況は、「このままでは（事故を起こした原発自体が）崩壊する」とまで福島原発幹部が警告するまでに深刻化している[注19]。

第3は、チェルノブイリでは、事故を起こした炉は1基だけであったが、福島では4基であり（フル稼働中の3基と停止中の1基）、しかもそれらが同時的に制御・冷却不能となり、1プラント全体が一挙に破局的事態に陥った、という点である。事故自体の規模が飛躍的に大きいといえる。

第4は、福島事故は、運転中の原発だけでなく、運転を停止した原発（4号機）でさえも極度に危険であり、大量の放射能を放出する重大事故をおこす危険があることを示した、という点である。しかも上記のノルウェーの研究によれば、4号機の事故は決して副次的なものではなく、「4号機の使用済み核燃料プールに貯蔵されていた核燃料が、莫大な量のセシウム137を放出していた可能性」があるという[注20]。

第5は、福島事故では、原発事故は、一個の自然災害にとどまらず、更に二次的・三次的・追加的な自然災害によって複雑化する危険があることを証明した、という点である。言い換えれば、原発の破局的事故がいったん起こった場合、それが「いつまでも終わらない」永続的性格をもつことを、チェルノブイリ事故以上に鮮明に示したという点である。このことは、チェルノブイリの「石棺」が、いつ大地震や大津波に襲われて倒壊してもおかしくない条件下にあると仮定すれば、よく分かるであろう。福島では、いまだに大規模な余震と津波の危険性が現実にあり、現状で強力な地震動と津波に再度襲われたとするならば、事故の今後の経過がどうなるか、まったく予断を許さない。

特に3号機および4号機の使用済み核燃料は「野ざらしになったまま」危険な状態にある[注21]。損傷している使用済み核燃料貯蔵プールが何らかの原因で崩壊するか、燃料棒の枠組が崩壊するような場合、その中にある核燃料がくずれ落ち、発熱で溶け、水素爆発や、相互に接近して再臨界あるいは核爆発が起こる恐れがあり、再度大量の放射性物質が放出される危険はきわめ

[注19]『週刊朝日』2012年2月14日号。『読売新聞』2012年2月26日。
[注20] 前掲 Nature 478, 435-436（2011年10月27日号）日本語版ホームページ参照。ちなみに、東電と政府は4号炉が独自に事故を起こしたことさえ認めていない。
[注21] 児玉博「東電吉田所長かく語りき」『文藝春秋』2012年2月号。

表2 2011年3月〜6月におけるセシウム-134と137の降下量（Bq/㎡）

都道府県	降下量	都道府県	降下量
北海道（札幌市）	17.1	滋賀県（大津市）	13.7
青森県（青森市）	138.3	京都府（京都市）	15.2
岩手県（盛岡市）	2,992	大阪府（大阪市）	18.9
秋田県（秋田市）	348.5	兵庫県（神戸市）	17.4
山形県（山形市）	22,570	奈良県（奈良市）	14.2
福島県（双葉郡）	6,836,050	和歌山県（和歌山市）	19.9
茨城県（ひたちなか市）	40,801	鳥取県（東伯郡）	21.1
栃木県（宇都宮市）	14,600	島根県（松江市）	10.2
群馬県（前橋市）	10,362	岡山県（岡山市）	9
埼玉県（さいたま市）	12,515	広島県（広島市）	8.4
千葉県（市原市）	10,141	山口県（山口市）	4.9
東京都（新宿区）	17,354	徳島県（名西郡）	16.8
神奈川県（茅ヶ崎市）	7,792	香川県（高松市）	11.2
新潟県（新潟市）	91.5	愛媛県（松山市）	13.5
富山県（射水市）	32.6	高知県（高知市）	73.3
石川県（金沢市）	26.7	福岡県（太宰府市）	1.7
福井県（福井市）	63.6	佐賀県（佐賀市）	1.4
山梨県（甲府市）	413.2	長崎県（大村市）	3.2
長野県（長野市）	2,496	熊本県（宇土氏）	0.3
岐阜県（各務原市）	29.2	大分県（大分市）	2.3
静岡県（静岡市）	1,293	宮崎県（宮崎市）	10.4
愛知県（名古屋市）	18.1	鹿児島県（鹿児島市）	1.5
三重県（四日市市）	53.2	沖縄県（うるま市）	9.1

（注）宮城県は被災被害により計測不能。
（出所）浅見輝男『経済』4月号より引用。原資料は文部科学省『都道府県別環境放射能水準調査（月刊降下物）の追加および訂正』2011年12月24日

て大きい。

　更に、豪雨や台風のなかで、暴風や土砂崩れによって、十分に対策を施されていない外部からの送電が危険にさらされる恐れもある。また風雨のたびに、放出されて積もっている放射性物質が、いっそう広く拡散・流出していっている。本来住民避難を続けなければならない重大事態が続いているのであり、また今後も長く続くほかない。この意味で事故は「終わらない」のである。

　第6は、はるかに人口が密集する地域で起こった事故という点である。クリストファー・バズビー（欧州放射能リスク委員会ECRR代表）によると、福島の場合、200キロ以内の人口は約1000万人もあり、約3500万人が住む東京圏までが汚染されている。バズビーは、今後50年間に、200キロ圏内で40万人規模の超過のがん患者が発生する可能性を予測している[注22]。がん研究振興財団の「がん統計」によると、日本におけるがんの罹患者数に対する死亡者数の比率はほぼ5割なので、この数字はおよそ20万人のがん死亡者数を予想させる。福島からの放射能は福島県とその周辺だけでなく、日本全土を汚染した。浅見輝男の計算によれば、日本各地のセシウム137の降下量の推計は前ページ表2のとおりである[注23]。

　これによって、福島県やその周辺だけでなく、日本全体で、チェルノブイリと同様の、がんをはじめ心疾患・腎臓病・白内障・脂肪肝・精神疾患・死産・奇形をはじめとするいろいろな被曝関連の疾患[注24]が、今後長期にわたって大量に発生することが予測される。この意味でも原発重大事故は「終わらない破局」なのである。

　第7は、福島第一以外の原発、福島第二、女川、東海の各発電所について、電力会社・政府の言うとおり過酷事故を逃れたとすれば（その主張は検証されなければならないが）、それは「幸運」というほかない間一髪の事態にあった

[注22] 早い時期の報道は『沖縄タイムス』2011年4月16日号。報告の全文は、http://www.bsrrw.org/wp-content/upload/2011/04/fukusima-ealth-ECRR.pdfにある。ECRRの重要な業績に、欧州放射線リスク委員会（ECRR）2010年勧告『放射線被曝による健康影響とリスク評価』（山内知也監訳、明石書店）がある。

[注23] 浅見輝男「福島第1原発大事故──放射線核種による土壌汚染」『経済』2012年4月号より引用した。

[注24] ユーリー・バンダジェフスキー『放射性セシウムが人体に与える医学的生物学的影響』（久保田護訳、合同出版、2011年）。

のであり、複数の原発における同時的事故の可能性もあった、更には首都圏3000万人が避難する最悪の事態もありえたといわなければならない[注25]という点である。

これらの全体は、世界の原発の歴史上初めての事態である。福島原発の事故は、原子力発電所がもつ、今まで知られていなかった「新しい危険性」を、すなわち、原発において破局的事故が生じうる可能性が「いっそう広く存在している」ことを示したということができる。世界的な投資銀行UBSは、事故後すぐ、原子力発電の将来性について投資家向けレポートで取り上げ、「福島の事故によって原発事業の信頼性はチェルノブイリ事故以上に失われるであろう」と投資家に警告している[注26]。この評価の意味はきわめて重いといえる。

東電は、事故原発に大量の人員を投入し、作業員に大量被曝を強要しながら、急いで事故の後始末をさせようとしている。公的機関による事故現場の実地検証もないまま、事故の証拠隠しとしか言いようのない過程が進んでいる。しかし、この突貫作業は、1号機に覆いをかぶせ、事故の爪痕を見えないようにした程度で、本質的な事故処理はできていない。しかも工事は極度に高い放射線レベルの下で強行されており、そこで働く作業員・労働者を、チェルノブイリの事故処理に当たった多数の作業員「リクヴィダートル」(事故処理作業員)と同じ運命に駆り立てようとしている[注27]。

最大時で18万人の住民が、事故を起こした原発の20キロあるいは30キロ圏から、またその外でも、放射能に深刻に汚染された地域から、避難したといわれる。公式統計でも6万人を越える人々が、いまも避難したまま、不自由な生活を余儀なくされている。

[注25] 田坂広志「原発事故の最悪シナリオが避けられたのは『幸運』に恵まれたからです」『日経ビジネスオンライン』(2012年2月8日)。田坂は事故当時の内閣官房参与である(http://business.nikkeibp.co.jp/article/report/20120207/226949/?rt=nocnt)。
[注26] *James Paton*; Fukushima Crisis Worse for Atomic Power Than Chernobyl, UBS Says; Bloomgberg Business Week 2011年4月4日号
[注27] ロシアのジャーナリスト、アーラ・ヤロシンスカヤの著作 Alla. A. Yaroshinskaya, Chernobyl: Crime without Punishment (Transaction Publishers 2011) が引用している資料によれば、チェルノブイリ事故処理に当たった作業員(60から80万人と推計されている)を2002年に調査した医師は、調査した人々の98-99パーセントが何らかの深刻な病気に冒されていたとしている(320ページ)。

現在、政府は、除染活動によって年間被曝量20ミリシーベルトになったところで線引きし、それ以下とされる地域については、子どもも含めて、住民を帰還させようとしている。20ミリシーベルトは現在のチェルノブイリの強制避難基準の4倍の水準である。これは「住民を国民とも思わぬ」（井戸川・双葉町長）政策であり[注28]、「棄民政策」と言うほかない。福島県からの県外避難者はいまも増え続け、2011年6月の4.5万人から2012年1月には6.2万人になっている[注29]。児童生徒は、昨年1年間に1.2万人以上が県外に、5600人が県内で、避難しており、合計で2万人近くに及ぶ[注30]。

除染による早期の帰還は致命的な幻想である。政府とマスコミは「ともかく除染せよ」とその幻想を煽っている。除染は多くの場合不可能である。汚染地域では基本的に長期にわたって避難する以外にはありえない。除染しても早期に放射線量は再び上昇している。取り除かれた汚染土は、山積みのままシートに覆われて放置され、シートの劣化によって水に浸食されたり、風に吹き飛ばされるなど二次汚染を拡大している。

また汚染土が山間地などに不法投棄されている場合も多く、流れ出して水系の汚染を拡大しようとしている。また除染活動そのものが、チェルノブイリの場合と同じように、除染作業者自身の恐るべき被曝をもたらしている（多くは放射線防護服・マスクなどを着用せずに行なわれ、特に放射性微粉塵の吸入による内部被曝に対して無防備のまま強行されている）。水や水蒸気を用いた洗浄による除染法は、放射能を下水から川に流出させ、かえって汚染を拡散している[注31]。

他方、除染活動は巨大なビジネスとなり、大成・鹿島・大林・竹中など大手建設会社、東電の関連会社、東芝など原発関連企業に巨額の利益をもたらそうとしている。

[注28] チェルノブイリの強制移住地域の線量は、ヤロシンスカヤの前掲書309〜311ページ。井戸川町長の発言は『読売新聞』（電子版）2012年1月31日。
[注29] 「行政のウソと隠蔽に怒る住民　先が見えないフクシマの絶望」『ダイヤモンド』2012年3月10日。
[注30] 『読売新聞』2012年3月7日。
[注31] 「むなしさと不安　混乱の除染現場」『東洋経済』2012年2月18日号。小出裕章「『冷温停止』『除染』という言葉に誤魔化されてはいけません」『日本を破滅させる原発の深い闇』（別冊宝島1821号、2011年11月15日）。石田葉月「低線量被曝とどう向き合うか」『科学』（岩波書店、2012年1月号）。前掲『ダイヤモンド』2012年3月10日号。

4節　原発推進勢力の全体像——中核部分だけでGDPの約1割を支配

　福島の事故は人災であり、日本において原発を推進してきた勢力全体の犯罪である。だが、多くの人々が認めるこの命題からは、日本社会のなかでがんのごとく増殖し寄生し支配し腐敗してきたこの複合体の利害に根底から手を付け、構造そのものにメスを入れ、切除してしまうのでなければ、同じような惨劇は今後も繰り返されるほかないという厳しいが避けることのできない結論が出てくる。

　日本において原発を推進してきた勢力は、一般に「産・官・学・マスコミの巨大な複合体」であるとされるが、これは更に具体的に見ていく必要がある。日本における原発推進勢力とは、

　①電力独占体からはじまり、

　②電機・鉄鋼・土木建設などの産業独占体、

　③銀行・金融機関、

　④政府・官僚・司法、

　⑤支配政党、

　⑥電力・電機などの大企業労組、

　⑦大学・研究機関・学界主流、

　⑧放送・新聞雑誌・出版業など主要報道機関、

　⑨原発立地地域の地方自治体や地元の有力資本と地方政財界、

　⑩日本の独自核武装を求める軍国主義・極右翼勢力を包含し、更には、

　⑪被曝労働者の動員の一端を担う暴力団や犯罪組織までも含む、

　きわめて広範囲に及ぶ巨大な社会経済的複合体である。原発推進勢力は、いままで日本の支配層＝金融寡頭制の中枢をなし、国家と独占体を結びつける国家独占的機構の一つの中核部分を構成してきた。原発推進は、再処理・核燃料サイクルの推進と一体となり、一種の国家独占資本主義的な動員体制によって支えられてきた。それは日本の支配層（独占と金融寡頭制）と支配階

級(ブルジョアジー)全体が一体のものとして進めてきたといっても過言ではない。

以下、この原発推進複合体の規模とその巨大さを概観してみよう(『東洋経済』『ダイヤモンド』『エコノミスト』『日経ビジネス』など支配層側の経済誌は、事故以来2011年6月までに、原発を推進してきた社会的勢力の特集を何回か組んでいる。ここでは、細部は記載しないが、事実関係について主にこれらの各号に依拠している)。

電力会社は、国家によって保証された地域独占に支えられ、国際的に割高な電力料金を国民に押し付け(表3)、そこから莫大な利益を安定して生み出し、豊富な資金力を誇ってきた。

9電力だけで、年間売り上げ約16兆円(以下2009年の数字)、従業員は15.5万人である。年間利益は約1兆1000億円であるが、うち原発が生み出したキャッシュフロー〔減価償却費を含む現金収入〕が4000億円である(最高は2004年で9000億円)。これに、日本原燃と電源開発の売上げ0.9兆円、従業員0.9万人が加わる。

表3 産業用電気料金の国際比較

(1キロワット時当たり 2009年 単位セント)

日本	15.8
韓国	5.8
アメリカ	6.8
フランス	10.7
ドイツ	12
イタリア	27.6

OECD／IEAの資料による[注32]

更に、原発関連産業への発注総額、推計で年約2兆円が、この数字に加わる。そこでは、日立・東芝・三菱重工の3大グループが独占的地位を占めており、原子力部門の売上げは3社だけでその半分、年間約1兆円を手にしている。原発以外を含めると、これら3社で、総売上高では17.5兆円、総従業

[注32] 経済産業省のホームページより(http://www.meti.go.jp/committee/sougouenergy/denkijigyou/seido_kankyou/004_04_00.pdf)。

員は59.8万人にのぼる。更に、これら部門から、二次的間接的に発注される原発関連の金額は、電機・機械・精密などの広範な部門に約1.6兆円に及ぶ。更に原発建設を受注する大手ゼネコンが加わる。原発以外も含めると、大手5社合計で、総売上高が7.2兆円、従業員は6.9万人にのぼる。

電力会社の発行する「電力債」(残高約13兆円)は、電力会社の独占的地位と高い利潤率を背景に、いままで高い格付けを得て、日本の社債市場全体の約2～3割を占めてきた。これを通じて、電力会社は、巨大銀行グループをはじめ銀行・証券・保険など金融機関と密接に結びついてきた。金融機関は、電力債を通じて、電力独占とその原発投資に対し、巨額の資金を提供してきた。また電力債(東電債)は天皇家(宮内庁)が保有してきたことが明らかになっている[注33]。この事実は、天皇制が原発推進と不可分に結びついており、電力独占と原発推進勢力を、日本支配層内の最も右翼的反動的な部分と結びつける結節点の一つとなってきたことを示している。

原子力発電所自体が巨大な事業部門となっており、原発の従業員は、全国で、およそ8.5万人に上る。うち電力会社社員が約1万人に対し、下請け労働者は7.5万人を数える。他方、原発による労働被曝量のほとんど、すなわち約95％は、下請け労働者に押し付けられている[注34]。しかも下請け労働者は、九次下請けにも及ぶといわれる労務委託の階層構造の中で、極度に劣悪な労働条件を押し付けられ、なかには暴力団が絡んだ半奴隷的労働条件に置かれてきた人々も多い[注35]。電力総連など原発関連企業の労働組合は、特権的な本工の組織として、自分たちは被曝の危険をほとんど負わずに、被曝の多くを他人に転嫁し、被曝に曝される下請け労働者は排除して、その基礎の上で、原発推進から得る利益のおこぼれだけに預かることができる雇用構造を容認してきた。原発立地点周辺の中小資本もまた、原発関連産業の下請けや人夫出し業などを通じて、原発推進勢力に組織されてきた。

原発推進勢力は、大学や科学者・研究者の中にも大きな支配的影響力を持ってきた。原発推進勢力はまた、大学の研究費助成を通じて、学者・専門家

[注33]『週刊現代』2011年5月20日号。
[注34] 小出裕章『隠される原子力　核の真実　原子力の専門家が原発に反対するわけ』(八月書館、2010年) 137ページ。
[注35] 日本弁護士連合会編『検証　原発労働』(岩波書店、2012年)、鈴木智彦前掲書参照。

たちを買収し、原発推進派に組織してきた。多くの科学者たちも「原子力の平和利用」という名の下に原発推進において重大な役割を果たしてきた。全国の大学には、いろいろの名称で20以上の原子力関連学科があり、数千人の学生が教育されている。日本原子力学会だけで、大学関係の学者、研究者、技術者を組織する、会員数7000人を擁する大きな組織となっている。原発推進派の影響力の強い学会（原発関係者の呼びかけに応じて「風評被害」防止の決議をした学会）は34学会、総人数で44万人といわれる（会員に重複はあるが、規模の一端は十分に示されている）。

これらに対し、原発関連の政府予算が年間約4600億円（2011年度）も注ぎ込まれている。その基礎には、電源開発促進税や核燃料税、固定資産税など年間約1兆円にのぼる税収があり、それは結局のところ電気料金に上乗せされている。

前述の経済誌は残念ながらこれらの数字を合計しなかった。個々的には明らかに不完全な数字でもそれらを合計すれば、日本の原発推進勢力の巨大な規模が浮かび上がる。すなわち原発推進勢力は、その中核的部分だけで、まったくおおよその姿だが、人員約135万人を集積し、年間の資金規模（金融を除く）ではおよそ45兆円、日本の2010年のGDPが479兆円であるからGDPの約1割という大きさである。もちろんかれらの影響力はこのような直接の経済的規模だけにとどまらない。

電力独占は、高利潤と巨大な資金力を基礎に、歴代の自民党をはじめ支配政党幹部から、地方選挙区選出議員、地方の首長・地方議会議員までの、広範な原発推進の政治的基盤を形成してきた。電力独占は財界団体を支配してきた。現在中央の「日本経団連」をのぞく各地方の「経済連合会」の会長は全て電力会社出身である。しかも中央の米倉弘昌会長は、住友化学の出身であるが、住友グループは、蒸気発生器用鋼管を製造する住友金属、核燃料製造のJCOや原子力燃料工業、医療用放射性物質製造の日本メジフィジックスなど原発・核関連企業を傘下に持つ。米倉は、福島原発が爆発した後にさえ「（福島原発が）千年に1度の津波に耐えているのは素晴らしいこと」といってはばからないほどの破廉恥なまでの原発推進派である。現行制度では財界団体への寄付は電力料金に上乗せできるため、電力独占は、潤沢な資金を経済団体を通じた政治献金や資金供与によって中央と地方の政治過程に介入

表4　民主党内の主な原発関連労組出身議員（2011年2月現在）

	労組歴	現在の役職
大畠章宏	日立製作所労組	党エネルギーPT座長
平野博文	松下労組執行委員	文部科学大臣
高木義明	三菱重工長崎造船所労組	党選挙対策委員長
金森　正	富士電機労組	文科委員会理事／予算委員
川越孝洋	三菱電機労組長崎支部委員長	環境委員会理事
藤原政司	電力総連副会長／関電労組委員長	党参院議員副会長
轟木利治	大同特殊鋼労組／基幹労連委員長	経済産業委員会理事
小林正夫	電力総連顧問／東電労組書記長・副委員長	厚生労働委員長
津田弥太郎	全金同盟副会長	厚生労働大臣政務官
加藤俊幸	連合組織局長／三菱電機労組委員長	外務大臣政務官
加賀屋健	東電労組千葉支部書記長	党政策調査会副会長
柳田　稔	神戸製鋼労組	参議院議員副会長

『週刊フラッシュ』2012年3月6日号より作成

し、政治を支配してきた。また経産省をはじめ官僚の天下りを広く受け入れ、また電力会社社員が原子力安全・保安院のメンバーに転じることなどによって、政府・官僚機構と一体化してきた。とりわけ原発の推進と安全を取り扱う監督官庁と癒着してきた。

　原発推進勢力は、民主党に対しては、同党の基盤である「電力総連」(26万人)・「電機連合」(65万人)を通じて、また「連合」を通じて、更に主要な民主党政治家への献金や支援などを通じて、直接に結びついてきた。小沢一郎と東電との歴史的な結びつきは有名である。民主党政権下では、原発推進勢力出身の議員が、めだって経済閣僚や経済関係の要職に就いてきた（大畠元国交相は日立出身、高木元文相は三菱重工出身、与謝野〔無所属〕元経済財政担当相は日本原電出身など）（表4）。民主党は、内部に矛盾を抱えながら、いまや原発推進勢力の重要な最先端の一翼となっている。民主党は、政権を握った後、一連の選挙に敗北し始めると、支配層と原発推進勢力の利害をより露骨に代弁することで、権力を維持しようとしてきた。同党が、マニフェストにあった「自然エネルギー推進」を後景に退け、露骨な原発推進と原発の輸出促進とを、自分の基本政策の中心の一つに据えるにいたったのは、不思議ではない。

原発推進勢力は、巨大な広告宣伝費（電力会社の宣伝広告費・販促費合計だけで1500億円）を通じて新聞・放送・マスコミを支配してきた。また大学・研究機関の「専門家」——実際には科学の仮面をかぶったデマゴーグ——から人気タレント・有名人までを動員し、マスコミを通じて、虚構とデマに基づく原発推進のキャンペーンを行なってきた。これらの費用もまた電力料金に上乗せできるので、消費者の犠牲で原発推進キャンペーンを行なってきたわけである。これらを通じて、「日本の原発は安全」「日本の原発の重大事故はありえない」「原発は必要不可欠」「原発なしには生活はなりたたない」「原発はクリーンで環境にやさしい」「原発は地球温暖化を防ぐ」などと、労働者・人民大衆を、インテリも含めて、数世代にわたってデマによって欺き続け、文字通り「洗脳」してきた。

　原発推進勢力は、これらエセ「専門家」を通じて、また直接間接の金権と天下りを通じて、裁判所も警察も原発推進の側に組み込んできた。裁判所は、「原発は安全」でありその推進は「国策」なのだから「適法」かつ「正当」であるとする判決を量産して、原発に反対する住民や運動を抑え込む機関となり、原発推進に重要な役割を担ってきた。原発推進勢力は、文科省・厚労省を通じ、放医研・放影研など各種研究機関を通じ、アイソトープ協会など放射線医・レントゲン技師などの養成機関を通じて、何代にもわたって日本の医療、医師と病院と医学団体を支配してきた。日本においてがんがこれだけ増えてきているのに、この現象と原発推進との関連を真正面から疑った良心的な医者がいままでほとんど現われなかったという事実は重い。その程度に医者たちの「洗脳」を続けてきたと言える。こうして日本の医療体制は、原発推進のために全世界の労働者と住民に放射線被曝を強要する国際機関である国際放射線防護委員会（ICRP）と結びつき、被曝の危険を過小評価し、被曝の犠牲者を隠蔽するのに協力してきた[注36]。原発推進勢力は、文部科学省を支配し、教育を通じて児童・生徒たちに「原発は安全」とするデマを文字通りたたき込んできた——戦前戦中の教師たちが「神国日本」「鬼畜米英」「天皇のための死」をたたき込んできたように。原発推進への国民のイデオロギー的動員は大戦中の「国民精神動員」の現代版といっても過言ではない。こ

[注36]「年間被曝量を操る『被曝マフィア』の闇」『原発の深い闇2』別冊宝島1821号。

れら全体によって、原発推進勢力は、支配階級自身をも、また自分自身をも、「冷静な」判断力の喪失、自己満足と自己欺瞞に導いてきた。

　原発推進は、日本の支配層にとって、国内的な意義を持っていただけではない。近年、原発の輸出は、日本の対外進出構想の中で、途上国への進出をとげるための中心的なテコの一つとしての位置を与えられてきた。新興諸国・発展途上国の支配層は、世界的規模で、エネルギーの確保の手っ取り早い手段としても、核武装への野望としても、原子力発電を急速に進めようとしてきた。これに対応して民主党政権は、原発輸出を、ベトナム、トルコ、インド、湾岸諸国、リトアニアなど発展途上諸国・新興諸国に対する日本の経済外交の中心に置いてきた。日本の電機・重工業独占体は、アメリカの原発独占と結びついて、東芝・ウェスティングハウス、日立・ジェネラルエレクトリック、三菱・アレバ（仏核関連企業、後に結びつきは弱化）の統合化を進め、日米同盟を基礎に、「世界の経済的分割」の中心的手段の一つとしての原発とその関連産業を位置づけてきた。（表5の通り2009年1月現在で、世界で建設された原発のうち52％は上記3グループによるものである）。

表5　原子力プラントメーカーの世界シェアー

ウエスティングハウス・東芝	22%
アレバ（仏）＋三菱重工	17%
GE（米）＋日立	13%
以上3グループ小計	52%
アトムエネルゴプロム（露）	12%
NPC、NNCほか（英）	8%
シーメンス（独）	5%
その他	23%

世界の原発530基の建設実績（閉鎖した炉を含む、2009年1月現在）『今がわかる時代がわかる世界地図2011年版』成美堂出版より（原資料は内閣府原子力政策担当室）

　原発推進は、当初のエネルギーの確保から始まって、原発輸出にいたるまで、一貫して、日本の帝国主義的利害と不可分に結びついてきた。

　原発推進と核燃料サイクル推進は、日本の支配層の独自核武装——実際にはアメリカの核戦力の一環として——の野望と不可分であった。核爆弾の材

料となるプルトニウムを国内に蓄積し、再処理・濃縮技術を独自のものとして獲得することは、「潜在的核保有国」の地位を獲得して将来の核武装を準備するという日本支配層の公然の秘密計画であった（日本は長崎型原爆約 5000 発分のプルトニウムをすでに日本国内に確保している）[注37]。この意味で原発推進は、支配層内の最も露骨な反動主義者・軍国主義者をその主柱としてきた。

最後に、このような、支配層をあげての原発推進の動きに対し、妥協した勢力も多いことを指摘しなければならない。日本共産党は、長年「原子力の平和利用の推進」「反原発は反科学」とする立場をとって、事実上屈服する方向に動揺してきた。

原発推進勢力はこのように帝国主義的性格をもっている。電力・電機の資本や利潤一般と結びついているだけではない。それは、「ムラ」というよりも、まさに「原発帝国」というにふさわしい。福島の事故は、日本のこのような「原発帝国」に重大な打撃を与えた。「原発帝国」は崩壊の危機にあるが、まだ崩れてはおらず、支配し続けている。いまこそ、その解体を要求し、責任を追及し、打撃を与え、勢力を削ぎ、解体に着手する時である。

5 節　民主党政府の事故対応と事故反復を前提とする原発推進政策

今回の事故対応において、民主党政権は、逡巡と動揺を続け、場当たり的対応と既成事実を積み重ねながら、結果として、最も危険で国民を破滅へと導く最悪の路線を進んできた。すなわち政府が実際に行なっているのは、今回のような破局的事故が今後も繰り返されることを前提として原発を維持し運転し推進するという路線であり、このために、今回の事故を利用し、緊急事態に対応する既成事実を積み重ね、なし崩しに、重大事故を起こしても原

[注37] 西尾幹二「平和主義でない『脱原発』」『月刊ウィル』2011 年 8 月号。後に『平和主義ではない「脱原発」』（文藝春秋、2011 年）に再録された。西尾は、著しい保守主義・民族排外主義に立ち、独自核武装の即時着手論の立場から、脱原発を主張している。

表6 試験片の脆性遷移温度のアンケート調査結果(温度の高い順に10番目まで)

	発電所	電力会社	温度（度）	運転年数	予測値を超える温度（度）
1	玄海1号機	九州	98	36	20
2	高浜1号機	関西	95	37	8
3	美浜2号機	関西	78	39	
4	美浜1号機	関西	74	41	
5	大飯2号機	関西	70	32	2
6	福島第一1号機	東京	64	40	廃炉決定
7	敦賀1号機	日本原電	62	41	
8	川内1号機	九州	36	27	
9	福島第一3号機	東京	34	35	廃炉決定
10	美浜3号機	関西	30	35	
10	大飯1号機	関西	30	32	
10	伊方1号機	四国	30	34	

(2012年1月末現在)　『読売新聞』2011年2月12日より

発推進の妨げとならない国家的体制を構築するという方針である。当時の菅首相、枝野官房長官、海江田経済産業相、仙谷副官房長官などはニュアンスの違いはあるが全てこの線であったし、菅は動揺したので切られたが、現在の野田首相、枝野経済産業相、細野環境相、平野復興相なども全てこの路線を執拗に追求している。

　2011年11月10日に発表された政府の原子力委員会の資料によれば、今回のような過酷事故の起こる確率は、原子炉1基につき500年に1回となっている。すなわち、政府の方針どおり50基が運転されると仮定すると、驚くべきことに「10年に1度」という頻度で今回のような事故が起こると想定していることになる[注38]。つまり10年ごとに今回のような事故が繰り返し起こることを前提に、原発を稼働し推進していこうというのが、政府と支配層中枢の方針なのである。この冬、日本のほぼ全ての原発が止まっても何の停電も

[注38] 原子力委員会原子力発電・核燃料サイクル技術等検討小委員会「核燃料サイクルコスト、事故リスクコストの試算について」2011年11月10日（http://www.aec.go.jp/jicst/NC/about/kettei/seimei/111110.pdf）。

なかったという事実があるにもかかわらず、である。

　しかも政府と電力独占は、老朽化し劣化した原発を使い続けようとしており、原発の使用年数を、現在一応の設計基準とされる30年から、40年に、更に60年に延長しようとしている。世界的には原発の寿命は22年程度とされており、これは突出している。電力会社にとっては、減価償却が終わった古い原発を使えば使うほど、すなわち事故の危険性の高い原発を使い続ければ続けるほど、設備償却コストがかからずに、高い利益を上げることができるからである。また費用のかかる廃炉の着手を遅らせることができ、この面からもコストを抑えその分利潤を高めることができるからである。このような傾向に対しては、原発推進の先頭に立ってきた読売新聞さえもが、圧力容器の脆性遷移温度の上昇を指摘して、間接的に警告を発するまでになっていることは注目される。表6に読売新聞が挙げた原発のリストを引用しておこう[注39]。玄海1号機と高浜1号機はすでに規制値93度を上回っている。

　原発維持推進に固執するこのような方針がいかに常軌を逸した狂気じみたものであるかは、日本の最も古い支配層の一員であり天皇家と近い親戚関係にある人物が「脱原発への転換」を求める論文を書き、現在の政府・支配層中枢の政策を「集団自殺願望」に等しいと厳しく批判しているという事実を見ても明らかである[注40]。

[注39]『読売新聞』2012年2月12日。
[注40] 久邇晃子「愚かで痛ましいわが祖国へ」『文藝春秋』2011年12月号。これは政治的に極めて注目されるべき「重大」論文であろう。著者の女性は、精神科医だが、旧皇族久邇宮家の直系で、昭和天皇の皇后（香淳皇后）の兄の孫、現皇太子の又従兄弟にあたると紹介されている。以前、現皇太子后選びの際の最有力候補の1人として騒がれ、皇太子とも知己であるといわれる。彼女の父親は、伊勢神宮と神社本庁のトップを歴任した神社関係の中心人物である。このような人物が、脱原発の主張を自分だけの判断で行なったとは考えにくく、旧皇族・華族を含む日本の最も古い支配グループの一部からの、最低でも示唆か了解があったものと考えられる。同論文の主張は、筆者が今回指摘した「帝国主義的脱原発論」の一つの典型とも言える内容であり、よくまとまって鮮明であり、何人かの専門家が協力したことがうかがえる。しかも極度の危機感に溢れており、現在の支配中枢による原発推進への「集団自殺願望」的固執を、敗戦直前の軍部の戦争継続要求になぞらえ、当時と同様に「聖断」によって脱原発方針へ転換させる方向を暗示しているようにさえ読める。もちろん同論文は、天皇主義的ナショナリズムに立ち、脱原発を求める大衆的運動や国民的動向をまったく評価せず、国民を「愚かな」者と見下す姿勢をとっているなど多くの批判されるべき点があるが、いま重要なのはその点ではない。評価しなければならないのは、久邇論文が、原発政策をめぐる支配層内の分裂の深刻さを表わしており、支配層内からの脱原発傾向（帝国主義的脱原発論）の強さと根深さを示しているという点である。現在までの

政府・支配層のこの方針と表裏一体となっているのは、「全国民的な被曝強要体制の構築」とでも特徴づけられる、国民を意図的・政策的に被曝させる方針である。

　今年（2012年）3月9日にNHKニュース・各紙が報道したところによれば、日本政府首脳は、地震・津波が到来し事故が起こった当日（3月11日）の夜、すでに「メルトダウンの可能性がある」ことを認識していたという。それにもかかわらず、すなわち知っていながら、政府は住民の避難を遅らせた。事故当初3km圏にしか避難指示を出さず（3から10kmは屋内退避）、12日の1号機爆発後に、ようやく避難を20km圏に拡大したが、その後も避難拡大に消極的態度をとり続け、14日の3号機爆発後も20km圏を拡大せず、20から30km圏を屋内退避にしか指定しなかった。一部30km圏外にも拡大したのは、爆発の1カ月以上後の4月22日になってであった。アメリカ政府でさえ、事故直後に（米原子力規制委員会NRCの声明は3月16日だが日本政府への通告はそれ以前と思われる）、80km圏からの避難を勧告したにもかかわらず、である。ドイツ政府は、同3月16日、東京からの避難を勧告し、ドイツ大使館を大阪に移転させた。

　放射能が大量に放出される事故の場合、住民の可及的速やかな避難は、住民の被曝を避け被害を最小限に抑えるために必要不可欠な、死活的に重要な措置である。「メルトダウンの可能性」を認識していたのであれば、すなわちチェルノブイリ事故のような大量の放射能が放出される事態になる可能性があることを地震・津波当日に認識していたのであれば、緊急の住民避難の必要性も当然認識していたはずである。住民の避難をあのように遅らせたのは、いままで考えられていたような、民主党に固有の「不決断」とか「場当たり的な対応」などという事情によっては、もはや説明できない。「故意」と判断

ところ、大手マスコミは、一大センセーションになってもよいはずのこの件に何の反応もしていない。
　合わせて言えば、政府と原発推進勢力は、事故にもかかわらず原発を維持推進し国民的被曝強要体制を構築するために、天皇を何としても利用することを企図してきたし、今も企図している。例えば、2011年11月10日には、福島第一原発の吉田所長と天皇との会見が予定されていた。だがこれは天皇の病気入院ということで直前にキャンセルされた（『日刊ゲンダイ』2011年11月15日号）。久邇論文の載った雑誌は、その直後に発売されており、発表時期に政治的な意図がうかがえるのかもしれない。今後の事態の推移に注意する必要があると思われる。

するほかにない。今となっては、政府は、住民に降りかかる致命的な危険性を知りながら、故意に住民避難を遅らせたと言うほかない。例えば、1号機および3号機爆発の後になってさえ、政府は次のように言い続けた。

——「避難をしていただいている周辺の皆様の健康に影響を及ぼすような状況は生じない」（当時の枝野官房長官の3月13日午後の記者会見）

——「爆発が発生した」が「放射性物質が大量に飛び散っている可能性は低い」（同長官3月14日午後）

——「距離が遠くなれば、それだけ放射性物質の濃度は低くなって」「20kmを超える地点では、相当程度薄まって、身体への影響が小さい、あるいはない程度になっている」（同3月15日午前）と。

同じような発言は、政府のホームページから、いくらでも引用することができる。こうした詐欺的宣伝といっても過言ではない行為によって、政府は、幾百万の住民、妊婦と子どもたちを、意図的といっても過言ではないやり方で、むざむざと被曝させた。「不作為の作為」「未必の故意」としか考えられない対応をとり続けた。民主党政府は、真実の危険とそれを表わすデータや情報は徹底して隠蔽し（例えばSPEEDIのデータを人為的に非公表にするなど）、「パニックを回避する」を口実に、原発や被曝の危険を指摘する動きを「風評」「流言蜚語」としてあたかも根拠のない「噂」にすぎないかに宣伝した。政府の原子力災害対策本部をはじめ各種会議では、事実を隠蔽し責任逃れをするために、議事録さえ作成しなかった。民主党政権が先導した（自民党ではない！）これらのキャンペーンは、すでに後から次々事実によって反駁され、いまや太平洋戦争中の「大本営発表」に匹敵する大スキャンダルになった[注41]。アメリカを含む主要先進国やIAEAなど国際機関が公然と危惧を表明するまでになった。

事故が起こるまで、歴代自民党政府と原発推進勢力は「原発＝安全」というキャンペーンを組織してきた。それに少しでも反対したり疑問を呈したりする人々を迫害し追放してきた。事故が起こった後は、民主党政府と原発推進勢力は、今度は「被曝＝安心」というデマ・キャンペーンに変更した。いままで米軍に協力して広島・長崎や原水爆実験の放射線被害を隠蔽するのに

[注41] 日隈一雄・木野龍逸『検証　福島原発事故・記者会見』（岩波書店、2012年）104ページ。

協力し、原爆被爆者の認定を何としても妨げようと努力してきた日本の放射線学者たちとその弟子たちを総動員し、「被曝しても安心」「正しく怖がる放射能」（＝怖がるのは「放射能ヒステリー」）「被曝しても直ちには人体に影響はない」「被曝しても健康被害はない」「レントゲン撮影程度」「航空機で海外旅行する程度」「チェルノブイリでも住民被害は出ていない」、果ては（100ミリシーベルトまでは）「被曝はかえって身体によい」などというウソのキャンペーンを、マスコミを通じ、インターネットを通じ、各地の行政を通じ、医師会や薬剤師会を通じ、各種学会を通じ、学校・大学を通じ、更には地域住民の中に入って、大規模に組織してきた。彼ら「放射線防護専門家」たちは、住民が避難すべきまさにその時に、（事故以前の原発労働者の年間被曝上限の2倍である）100ミリシーベルトまでは被曝しても「安心・安全」と福島県中で吹聴してまわり、避難を遅らせた。その行動によって、住民を大量に被曝させる結果を招いた中心人物の一人、山下俊一長崎大学教授は、一時マスコミの寵児になり、一方では住民の憤激に会いながら、後に、福島県立医大副学長、福島県健康リスクアドバイザー、原子力損害賠償紛争審査会委員などに異例の「スピード出世」を果たした。朝日新聞は、この日本で最もがんとがん死の発生をもたらす行動を取った人物の一人に、いまの時期になって「朝日ガン大賞」を贈り、自分がどちらの側の味方であるかを宣言した。

　だが、このような対応の繰り返しのなかで、既成事実の積み上げとして、現に——しばしば強権的に——行われているのは、これ以上はないほど危険極まりない過程である。すなわち、①放射能の長期的な危険、とりわけ低線量被曝・内部被曝の危険を無視し否定し[注42]、②住民と労働者の「緊急時」

[注42] 低線量被曝や内部被曝の危険性について、政府や支配層側の専門家さえ、事故が起こるまで「何も知らなかった」のではないか、だから対応が遅れたのは仕方がないことではないか、という疑問が出るかもしれない。竹野内真理はこの点を検証し、これに否定的に答えるしかないという結論を導いている。竹野内は、政府傘下の放射線医学総合研究所（放医研）が、事故以前の2007年に刊行した、『虎の巻　低線量放射線と健康影響　先生、放射線を浴びても大丈夫？と聞かれたら』という著作に注目している。同書は、一般向けの前半部分では「100ミリシーベルトまで安全」と強調しながら、後半の専門家向け部分では、低線量被曝の危険性を、「ペトカウ効果」「バイスタンダー効果」、更にはがん以外にも脳卒中・心疾患・呼吸器系疾患などのリスクの増大なども含めて、正確かつ網羅的に検討しているという（ラルフ・グロイブ、アーネスト・スターングラス著、肥田舜太郎・竹野内真理訳『人間と環境への低レベル放射能の脅威』（あけび書房、2011年）の「訳者あとがき」）。少なくとも専門家レベルでは、低線量および内部被曝の危険性は、明らかに既知の情報であったのである。

水準での被曝を、「通常時」の被曝の前提とし、従来の「通常時」水準でさえも危険な被曝基準を、事故「緊急時」の水準に引き上げ、③事故を利用して日本中の国民に可能な限り被曝を拡大し強要して行く、という危険極まりない過程である。

　民主党政権が実際に進めたのは、まず労働者被曝の上限の引き上げであり、事故前の年間50ミリシーベルトを100ミリシーベルトに、更には250ミリシーベルトにした。計画としては更にそれを500ミリシーベルトへ引き上げ、期間を1年から5年にするが、結局当面の被曝上限を引き上げることである。しかも、この基準すらも、現場では、下請け労働者に線量メーターを付けさせない等によって、守られていないと言われてきた。

　更に危険なのは、住民の被曝基準、特に学校児童の被曝基準の引き上げ（年1ミリシーベルトから年20ミリシーベルトへの）である。それは、きわめて危険な、ある意味で破滅的で自滅的な、正常な神経を疑わせるような域に達している。これに関連して小佐古東大教授が担当の官房参与を急遽辞任したが、それには十分な理由があった。これまで原発推進を先頭に立って担ってきたこの御用学者さえ、深刻な危機感を感じたのである。またこの20ミリシーベルトの許容については、アメリカ政府の傘下にある米医学団体（社会的責任のための医師団）でさえ、公然と日本政府を批判するほどの事態になった。同医学団体の声明によれば、当該の被曝水準では、2年間に子ども100人に1人ががんを発症する確率があるとされ、20年間では子どもの10人に1人ががんを発症するという驚くべき高率になるとされる[注43]。

　たしかに批判されて政府は1ミリシーベルトにもどすことを「努力目標」としては認めた。ただそれだけであって、その約束にもかかわらず政府は、

[注43] アメリカのノーベル賞医学団体 Physicians for Social Responsibility のメッセージは、http://www.psr.org/news-events/press-releases/psr-statement-increase-allowable-dose-ionizing-radiation-children-fukushima-prefecture.html で読むことができる。あわせて、日本政府が100ミリシーベルトあるいは20ミリシーベルト以下の低線量被曝を容認する動きに対して、日本弁護士連合会が強力に反対していることを特記しておく必要がある（「『低線量被ばくのリスク管理に関するワーキンググループ』の抜本的見直しを求める会長声明」2011年11月25日（http://www.nichibenren.or.jp/activity/document/statement/year/2011/111125.html）。「『低線量被ばくのリスク管理に関するワーキンググループ報告書』に対する会長声明」2012年1月13日（http://www.nichibenren.or.jp/activity/document/statement/year/2012/120113_2.html）。

現在、福島県の子どもたちに対して、引き上げた放射線被曝基準に準拠した「安全教育」を行なっている。来年度から文部科学省は、この方向で学習指導要領の改訂を行ない、全国の学校で、このような20から100ミリシーベルト程度「被曝しても安全」とする「原発安全教育」を強要しようとしている。更に福島市では生徒全員に被曝量を測るガラスバッジが配られているが、そのなかで高い数値が出たバッジを「校長がこっそり回収する」事件が何件も起きているという[注44]。更に政府は、周辺町村当局を動かして、年20ミリシーベルト・レベルの汚染区域への自宅帰還を、子どもも含めて推進し、小中学校までをこの4月から再開しようとしている（例えば福島県川内村）。

事故からおよそ1年となって、放射線による住民の健康被害は、いろいろな形で顕在化し始めている（本書第1章参照）。政府と福島県は、医師会に圧力をかけ、放射線の影響が疑われる病気（例えば子どもの甲状腺障害）について「診察しないように」要求するという暴挙に出ている[注45]。何としても被曝の健康への悪影響の痕跡を、被害に苦しむ住民特に子どもたちを犠牲にして、何としても消し去ろうと試みている。

政府は、また、食品・魚・水道水・肉などの放射能汚染の上限値を「暫定基準値」として、ベラルーシ、ウクライナなどよりも[注46]きわめて高い、危険な水準に設定し、あるいは引き上げていった。読売新聞（2011年9月16日）によれば、「暫定基準値」の基礎となったのは、原子力安全委員会「飲食物摂取制限に関する指標について」『原子力施設の防災対策について（1980年6月初版　2010年8月改訂）』であるとされている。そこでは、それぞれの基準値は、事故時を想定し、極めて高い住民の被曝許容量（ヨウ素で年間33ミリシーベルト、セシウム、ウラン、プルトニウム他でそれぞれ年間5ミリシーベルト、合計では事故処理に当たる原発作業員並みの年間48ミリシーベルト）と、その食品

[注44] 前掲『ダイヤモンド』2012年3月10日号。
[注45] 『週刊文春』2012年3月1日号、同3月8日号。日本のいろいろな医療団体・医学会などが事故後に出した被曝を容認する声明のリストとそれへの批判は、医療問題研究会編『低線量・内部被曝の危険性　その医学的根拠』（耕文社、2011年）109〜113ページにある。
[注46] ベラルーシやウクライナにおける、この決して十分というわけではないが相対的に低い基準値には、同国におけるチェルノブイリ被害者たちの文字通り死を賭した闘争が反映されていることを知らなければならない。この事情は、ロシアのジャーナリスト、アーラ・ヤロシンスカヤの前掲書の第21章に詳しく述べられている。

の1人当たり消費量（3あるいは5カテゴリーに分けた）とから計算されているといわれる。それは、極めて杜撰なものであって、放射線に対する感受性の高い幼児・子ども・妊婦と一般的な成人の区別もなく、汚染された食品が一時的ではなく長期にわたって摂取される場合も考慮されておらず、また、放射能に汚染された特定の食品が平均消費量以上に大量に摂取される、あるいは汚染された複数の食品が同時にあわせて摂取される際の危険性も考慮されていない。放射性物質を含む食品が更に加工食品に利用される危険性も考慮されていない。だから、「暫定基準」は、「上回らなければ安全」という言辞がまったくの欺瞞であるだけでなく、多くの食品が、実際には程度の差こそあれほとんど全ての食品が、同時に、広く、しかも複数の放射線核種に汚染され、かつ長期にわたって摂取されるという今のような場合には、個々的には暫定基準値以下であっても摂取する汚染食品の放射線量が合わさると、恐るべきほど高い危険な被曝量になる水準となっている。

更に政府や地方自治体が、食品検査のために必要な予算や機器や人員を保障せず、また意図的に検査を回避することによって、食品の放射能汚染は更に危険な水準になっている。しかも全国的に被災地援助と称して行なわれている福島・東北・北関東産食品の購買キャンペーンは、食品による被曝（内部被曝）を全国的に拡大している。放射能汚染が発見された食品を政府が生産者から全て買い上げて処理し、費用を東電に賠償させ、不足分は緊急輸入するなどの措置をとれば、食品を通じた被曝と放射能汚染の全国への拡大をかなり防ぐことができたであろう。だが、民主党政府と支配層は、まったく反対の方向に進み、自国民全体を自滅的な放射線被曝に曝すことになる方針に異常なほどの執拗さをもって固執している。

政府は、事故後1年以上たって、遅ればせながらこの4月から、不十分ながら食品放射線基準を引き下げようとはしている（しかも例外を作り可能な限り遅らせようとしている）。しかし事故後の最も汚染が高かった時期に、食品を通じて国民全体に被曝を広げ、内部被曝させたことの責任は、それによっていささかも少なくなるわけではない。

また、政府は、放射能で汚染された「震災がれき」の焼却を、全国各地の各地方自治体や、更には製紙やセメントなどの民間企業に、強引にやらせようとしている。だが、これは、焼却によって生じる放射性の微粉塵によって、

放射能汚染を全国に拡大することを意味する。

　裁判所は、福島事故にいたるまで、原発差し止めの訴訟を全て却下し原発推進に全面的に協力してきたが、事故後には、いままでの路線に何の反省もしないまま、政府・原発推進勢力が行なおうとしている国民への被曝の強要と被害賠償の切り捨てを、司法面からバックアップしようとしている。裁判所は、放射能は「無主物」であるからその放出者は責任を問われないとの判決を出し、児童の集団疎開を求める訴えを申請段階で却下するなど、政府と原発推進勢力に無批判に追従する姿勢を事故後も続けていこうとしている。

　政府と支配層は、このように執拗かつ異常に、国民全体を強引に被曝させようとするに等しい行動をとっているのだが、その真の衝動力はいったいどこにあるのか、見たところまったく不可解であり謎が残ると言わなければならない。この点については後で詳しく検討しよう。

　たしかに当時の菅首相は、一般の反原発世論を考慮し、「安全性の強化」「総点検」更には「自然エネルギー推進」「エネルギー戦略の見直し」「原発依存の縮小」などを約束していた。これらは、当然、これはこれとして、徹底してやらせなければならないけれども、いまのままでは、単なる政権維持のためのパフォーマンスやリップサービスにすぎなかったといわれても仕方がない。たしかに浜岡の運転停止の指示は「一歩」前進ではあった。しかし、停止は、現実には津波に対する効果さえ不確かな「防護壁」が建設されるまでの２年から３年間だけであり、その後は運転を再開するのであって「廃炉にはしない」とされている。原発直下で起こる可能性の高い東海地震による危険は、その程度では、ほとんど何も解消していない。更に燃料棒を搬出してしまわない限り、停止中の原発であっても極度に危険であることは、今回の事故が示したところである。停止していたとしても、もし東海地震が起こった際に、地震・津波に対し原発が事故をのがれるという保証にはならない。

　しかも民主党政府の方針は、菅政権においても野田政権においても、浜岡以外の原発は停止しないということである。それだけでなく、今定期検査などで止まっている停止中の原発は、順次「運転再開を要請」する方針であり、「原発推進の基本路線は堅持」する、というものである。また、全ての原発に対して今すぐに行なうことのでき、また行なわなければならない緊急措置、例えばまずは運転（最も危険な状態）の停止、その下での、今回津波を実際に

防いだ堤防以上の高さと堅固さを持つ防潮堤や、津波が実際に遡及した高さ以上の高台への非常用電源等の設置など、いくらかでも本格的な津波対策や耐震措置などを、電力会社に対して義務的に実施させようとするものではない。今のままでは、浜岡の運転停止は、今回の事故によって高まった人々の批判や懸念を一時的になだめ、一方では共産党と社民党をなだめ抱き込み沈黙させながら、時間を稼ぎ、支配層の線で原発を維持・推進するための、「隠れ蓑」に過ぎないと評価されても仕方がないものである。

　一般の人々の間には「現在政権にある民主党は、自民党ではないのだから、冷静な判断をしてくれるのではないか」という期待がまだ残っている。それは、子どもじみた幻想に過ぎないが、それだけではない。民主党政府は、原発関係の各種委員会に、脱原発派の学者をそれぞれ若干名入れることで、反対運動を切り崩し、運動の懐柔を狙っている。脱原発的立場の委員の了承も得て原発を推進しているというポーズをとろうとしている。支配層は、まだ残る民主党への幻想を徹底的に利用して、原発でも消費税引き上げでも民主党政権に最悪の役割を果たさせ、次に選挙があれば敗北する可能性の高い同党をいわば「使い捨て」にしようとしている。

　民主党政権が代表しようと努力し、また実際に代表している支配層の基本路線は、事実上、今後長期にわたって、今回の事故の結果、日本と世界で生じるであろう幾十万の放射線障害やがんによる大量死を犠牲として、すなわち将来のいますぐには目に見えない「静かな大量虐殺」の上に、なお原発に固守し推進しようとするものである。民主党政権は、そこまで原発に固執し、傷ついた原発推進勢力の利益を護り温存しようとしている。そして、このような原発推進の線で、自民党・公明党との「大連立」の道を探っている。だが自民党は更に動揺し、党のエネルギー政策の基本路線を決めることができなくなっている。

6節　原発推進をめぐる支配層の内部矛盾

　支配層は事故に直面して大きく動揺している。支配層と原発推進勢力の思

惑通りに事態が進むことはありえない。今や原発をめぐる情勢、支配層の内部矛盾の深化は、新しい段階に入った。事故から1年後、日本の原発のすべてが定期検査によって現実に停止しようとしているからである。

　原発が立地するおよびその周辺の県の知事、自治体の首長らは、停止している原発の再開、新増設の推進にストップをかけている。福島で起こった、またいま起こりつつある、巨大な悲劇が明らかになるにつれて、政府・支配層が福島を見捨てその惨状を隠蔽しようと努力し住民被曝の強要を露骨に行なえば行なうだけ、人々は「明日は我が身」と思うようになっている。形だけの「ストレステスト」や財政援助の約束などでは、もはや運転再開に住民の多数や各首長の同意を取り付けることはできなくなっている。「全原発の停止から直接に廃炉に進む」ことが、脱原発を目指す運動にとって現在の焦眉の課題となっている。これは脱原発にとってきわめて有利な事態である（もちろん一時的かもしれないが）。他方では、いまや、一般的に「脱原発」を主張するだけではまったく不十分となった。

　多数のエネルギー問題の専門家や反原発・脱原発の立場に立つ評論家によって「原発不必要論」（例えば飯田哲也・環境エネルギー政策研究所の業績をあげることができる）が展開されてきた[注47]。彼らの主張した通り、原発停止によって生じる電力不足を克服することは、現状でも客観的に十分可能であるということが、事実によって証明された。東電の実施した「計画停電」（それは「原発の必要性」を宣伝する一種のデモンストレーションでもあった）によって、かえって、各企業・工場・店舗・ビルなどが自家発電装置を装備し稼働する動きは一挙に加速している。電力会社からの電力購入を削減する動きは、コマツ、日産自動車、トヨタ自動車（子会社）、昭和シェルなどの巨大企業にも及んでいる[注48]。現在、企業の自家発電装置の能力だけで6000万kw（原発約60基分）、そのかなりの部分（およそ半分といわれる）は通常時には余剰能力となっている（『日本経済新聞』電子版2011年5月15日）。また、東電や各電力会社は今まで休止していた火力発電所を再稼働しているが、全国にはこの

[注47] 飯田哲也・古賀茂明・大島堅一『原発がなくても電力は足りる！　検証！電力不足キャンペーンの5つのウソ』（宝島社、2011年）を参照。
[注48] 「自家発電機に注文殺到　だが夏には間に合わず」『東洋経済』2011年4月30日号、および『日本経済新聞』2012年3月8日。

ような休止中の発電施設がまだ多くある。これら余剰発電能力を、全国的送電網に統合すれば、更には節電とエネルギー効率化と結びつけることができれば、電力供給は、原発が全面的に止まったままでも、安定的に保障される見込みが高い。

わずかな部分にとどまったとはいえ、事故直後、原子力関係学者の中からも、不完全ながら「反省」と「自己批判」が現われたことに注目しなければならない。2000年に大きく脱原発の方向に舵を取った日本弁護士連合会が、今回更に脱原発の立場を鮮明にし、事故被害の賠償、低線量被曝の危険性、労働者被曝、東電の国有化などについて具体的提起を行なっていることは、きわめて重要である[注49]。最近、部分的で少数ではあるが、支配層側のジャーナリズムの中にも、民主党政権の下で現に進んでいる事態の危険性に注目し、両論を併記するか、実際に進んでいる政策を批判し「脱原発」の方向をもあわせて探るような傾向が出てきている（ここでは『文藝春秋』『日経ビジネス』『宝島』『サピオ』などをあげておこう）ことは注目に値する。自民党の議員の中にも少数だが「脱原発」を探ろうとする動きが出始め（小泉元首相父子もふくまれる）、民主党内の同じ傾向の議員たちと共に、この方向での議員連盟が形成されようとしていると報道された[注50]。公明党については、基本姿勢は「慎重推進」であるが、同党の雑誌では（例えば『潮』2011年7月号など）強行推進派の論者と脱原発派の論者とが何のコメントもなしに併載されており、明らかな動揺を示している。右翼的な反動的な新興政治勢力、橋下大阪市長の率いる「維新の会」も、脱原発の方向にカジを切っているように見える。財界の中でも、孫（ソフトバンク）や三木谷（楽天）更には鈴木（スズキ自動車）など、財界主流の原発断固推進政策に批判的なグループが形成され始めている。労働組合でも「連合」が下部からの批判を恐れて原発に関する議論を「凍結」するほかなくなっている。脱原発傾向は右翼勢力にまで及び、天皇主義的脱原発の主張までが現われはじめている[注51]。

[注49] 日本弁護士連合会公害対策・環境保全委員会『原発事故と私たちの権利 被害の法的救済とエネルギー政策転換のために』（明石書店、2012年）のなかにまとめられている。
[注50] 『サンデー毎日』2011年6月5日号。
[注51] 彼らがなぜ脱原発に転換したかは、西尾幹二「脱原発こそ国家存続の道」『月刊ウィル』2011年7月号に詳しい。ほかに現在連載中の小林よしのり「脱原発論」『サピ

国際的に見ても、帝国主義陣営の内部で、明らかな分岐が生じている。ドイツは、保守党政権下で一旦は脱原発から原発維持への方針転換を決めていたが、これを翻し2022年までに全原発を廃止する方針を政府決定した。スイス政府は2034年までに全ての原発を廃炉にする方針を決定した。イタリアでは脱原発の方向が国民投票によって再度決まった。これらは、たしかに、さしあたって原発依存のフランスからの電力輸入を前提にしているといわれるが、脱原発への前進が主要国のいくつかで踏み出されたという事実はきわめて重要である。アメリカでも、オバマ政権の原発推進方針に反して、多くの米電力会社がより安価になった天然ガス火電を優先し、原発建設計画をキャンセルして行なっている。イスラエルは、商業目的の原子力発電を推進する方針を撤回している。等々。
　重要な点はこれらの動きには客観的な現実的基礎があるということである。

7節　原発をめぐる客観的状況の変化

　このような動向の背景にあるのは、原発・核燃料サイクルの維持・推進がマクロ的に見て各国経済全体にとって重荷になってのしかかるようになったという客観的諸条件の変化である[注52]。それは、おもに日本の事例に則して言えば、以下のようにまとめられる。
　(1)　原発による現実の発電コストが火力発電・水力発電に比較して高いという事実が明らかになってきたことである。いままで原子力発電コストは

　　　オ』(小学館) が参考になる。小林が右翼的立場でありながら、低線量被曝の危険性を正面から主張している点は、きわめて注目に値する (同3月14日号)。この傾向には、他に竹田恒泰『原発はなぜ日本にふさわしくないのか』(小学館、2011年) がある。竹田は明治天皇の玄孫であると報道されている。
[注52]　世界的に影響力の強いイギリスの経済誌 Economist の Nuclear Energy: The Dream That Failed (「原子力——失敗に帰した夢」) と題された原発特集 (2012年3月10日号) は、きわめて興味深い。同誌は、①原発はすでに (チェルノブイリ以前から) コスト面から、電力企業にとって経営的に、一国にとって経済的に、利益があがるものではなくなっている、②原発は、すでに構想として破綻しているのであって、今後の投資対象になると考えてはならないし、今後原発は「パッとしないニッチ (隙間市場)」にとどまるであろう、という内容を展開している。

表7 大島堅一による財政支出を含んだ総合発電コストの比較（単位：円/KW）

		原子力	火力	水力	一般水力	揚水	原子力+
1970年代	発電単価	8.85	7.11	3.56	2.72	40.83	11.55
	開発単価	4.19	0.00	0.00	0.00	0.00	4.31
	立地単価	0.53	0.03	0.02	0.01	0.36	0.54
	総単価	13.57	7.14	3.58	2.74	41.20	16.40
1980年代	発電単価	10.98	13.67	7.80	4.42	81.57	12.90
	開発単価	2.26	0.02	0.14	0.08	1.52	2.31
	立地単価	0.37	0.06	0.04	0.03	0.35	0.38
	総単価	13.61	13.76	7.99	4.53	83.44	15.60
1990年代	発電単価	8.61	9.39	9.32	4.77	50.02	10.07
	開発単価	1.49	0.02	0.22	0.11	1.16	1.54
	立地単価	0.38	0.10	0.08	0.06	0.29	0.39
	総単価	10.48	9.51	9.61	4.93	51.47	12.01
2000年代	発電単価	7.29	8.90	7.31	3.47	41.81	8.44
	開発単価	1.18	0.01	0.10	0.05	0.60	1.21
	立地単価	0.46	0.11	0.10	0.07	0.38	0.47
	総単価	8.93	9.02	7.52	3.59	42.79	10.11
1970〜2007年度	発電単価	8.64	9.80	7.08	3.88	51.87	10.13
	開発単価	1.64	0.02	0.12	0.06	0.94	1.68
	立地単価	0.41	0.08	0.06	0.04	0.34	0.42
	総単価	10.68	9.90	7.26	3.98	53.14	12.23

注）一般水力には揚水発電は含まれない。
大島堅一『再生可能エネルギーの政治経済学』東洋経済新報社、2010年80ページより

表8 アメリカにおける発電コスト（単位：ドル/MWh）

評価機関	石炭火力	ガス火力	原子力
議会予算局（2008）	55	57	72
シカゴ大学（2004）	33〜41	35〜45	51
MIT（2003）	42	41	67

日本エネルギー経済研究所「海外の試算例にみる原子力発電のコスト評価」
2009年2月　http://eneken.ieej.or.jp/data/summary/1840.pdf

火力や水力に比較して大きく低いとされてきた（資源エネルギー庁試算など）。これが現実を反映しない虚偽の数字であることが明らかになってきた。ここでは大島堅一の試算を引用しよう（表7）。

大島推計には事故対応経費および賠償費用は入っていない。日本経済研究センターの試算によると、これらを加えた場合、原発の発電コストは大島試算の更に2倍にも膨れあがり、1kWh当たり22円程度にまでなるという[注53]。

世界的に新しいエネルギー革命が進展しており、オイルシェール（油母頁岩）層から天然ガスを安価に採掘できる技術の確立（同時に新しい深刻な環境問題を引き起こしている）、効率の高いガスタービン発電機の開発、その排熱による蒸気タービン発電と組み合わせた複合発電の開発、石炭のガス化技術の確立、火力発電における高温高圧蒸気利用技術の開発、ガスによる発電と給湯・暖房など併給システムの開発、燃料電池の改良などが、世界的にガスによる火力発電コストを大きく引き下げ、火力に比較して原発による発電を経済的に見合わないものにしてしまっている（表8）。

ただこのような発電コスト比較には本質的に大きな限界があることも指摘しておかなければならない。コスト試算には、原子力に関しては、事故および放射性物質の放出による被害が入っていないだけでなく、火力に関しては、地球温暖化、大気汚染による健康被害、シェールガス採掘による水源の汚染その他の環境破壊などがコストとして算定されておらず、これらによって発電コストが（特に長期的に見た場合）実際より著しく低く算定されている。コスト比較は、この意味で、相対的で限定された意味しか持たない。原発同様、火力発電も、将来のエネルギー源とすることはできないのである。

(2) 太陽光・風力・地熱・潮力・波力・小規模水力など自然エネルギーの利用が世界的に本格的な実用・普及段階に入っていることである。このことは、日本があくまで原発・核燃料サイクルに固執し、この分野への投資を怠る状態が今後も続くならば、取り返しのつかない競争上の立ち遅れを生じ

[注53] 日本経済研究センターの資料による。「原発コスト8.9円のウソ」『東洋経済』2012年2月18日号参照。オリジナルのレポートは日本経済研究センターのホームページ上で読むことができる http://www.jcer.or.jp/j-fcontents/report.aspx?id=ZPVTF5HKU1PVJ8N5GYCX3CE7K17A2P6Y。ちなみに、事故以前の政府による公式の原発の発電コストは、4.8〜6.2円であった（『エネルギー白書』2008年度など）。政府は、事故後それを8.9円に上方修正し、事故費用を含めてもまだ相対的に安価であることを強調している。

図1　大きく立ち遅れる日本の自然エネルギー開発投資を警告する『日本経済新聞』

自然エネルギーによる発電設備容量
（水力を除く、2009年）

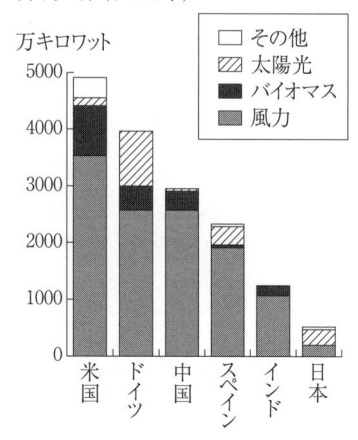

自然エネルギーへの投資額
（2010年）

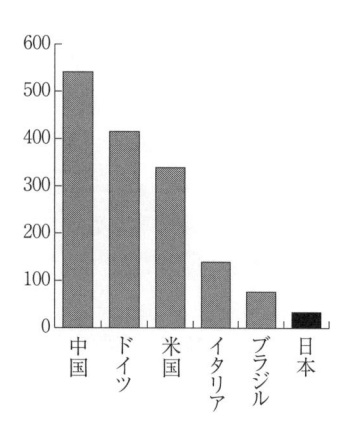

（資料）シンクタンク、REN21（事務局パリ）

（資料）公共政策に関する団体、ピュー・チャリタブル・トラスツ

『日本経済新聞』2011年7月4日の紙面より

る可能性を示している。『日本経済新聞』は、上のグラフを掲載して、この面での支配層側の危機感を表明している（図1）。

しかも、再生可能な自然力を利用した発電の潜在力は決して小さくない。例えば、環境省『再生可能エネルギー導入ポテンシャル調査報告書』（2011年）によれば、日本において、太陽光発電の導入可能量は1億4930万キロワットあり、現実的な可能量でも7200万キロワットである（100万キロワット級原発72基分）。ダムによらない小規模な水力発電設備を数多く設置すれば、1440万キロワット（原発14基分）の電力を生産することができるとされる。また地熱発電では、現実的な潜在発電可能量で1420万キロワットとされている（原発14基分）。風力は最も控えめに見積もっても2400万キロワットである（原発24基分）[注54]。これらだけで合計原発124基分を越える潜在力がある（現在日本にある原発は50基）。

─────────

[注54] 環境省のサイトにある。http://www.env.go.jp/earth/report/h23-03/index.html

(3) 事故の賠償・事故処理の費用を含めると、電力会社にとって、政府からの財政的援助を加えても、原発建設・稼働の総収支（東電がいままでに原発から得た事業収益の合計約4兆円）が赤字になる可能性が現実に出てきたことである[注55]。更に事故処理・賠償の巨大な費用（おそらく数十兆円）は、全て後ろ向きの、まったく不生産的な支出あるいは資源配分であり、だれがどれだけ負担することに帰着するにしろ、結局は日本の限られた年間総生産（約480兆円）と国民的資源（対外純資産約260兆円・国富2800兆円）の中から長期にわたり控除されるほかにない[注56]。しかもその大きな部分は外国核産業独占企業への「くれてやり」となり、日本から対外流出して、国内に還流することなく失なわれていく可能性が高い。事故処理は、すでに一部の米・仏企業にとっては巨大な利権と化している。外国の核産業独占企業による法外な規模での収奪の対象とされようとしている。東電は、フランスの原子力産業総合独占企業アレバ（仏政府が株式の約9割を保有する国有企業）との間で、巨額の汚染水の処理契約（一時数十兆円と報道されたが後に否定された）を結んだ（現在設置済みで稼働中）。これは、当初から、民主党政府の支持にもとづくものであり政府の補助が当然のごとく前提されている、と見られていた。更に、民主党政府は、福島廃炉に関連して、このフランス帝国主義の象徴的企業に対し、自民党政権が行なってきた六ヶ所村の再処理工場施設（アレバへの支払は1兆円以上と言われている）に続いて、数兆円といわれる莫大な「貢ぎ物」を献上しようとしていると言われている。アレバに加えて、アメリカのキュリオン社、更には、本来は事故の責任をとるべき日立や東芝などが、この数十兆円ともいわれる事故の後始末の利権をめぐって競っている[注57]。

原発のバックエンド処理である再処理・核燃料サイクルは、技術的な破綻に瀕している（高速増殖炉「もんじゅ」も六ヶ所村再処理工場も合計4兆円もかけて建設されながらいまだに稼働のめどさえ立っていない）。他方それを今後も維持・推進する場合のコストが国の財政的能力を超える水準にまで膨張していることが明らかになっている。電事連推計では更に19兆円が必要であり（た

[注55] 大島堅一による推計。共同通信2011年6月28日を参照した。
[注56] ヤロシンスカヤによれば、ベラルーシの国家予算の80％がチェルノブイリ事故関連の出費に充てられているという。ヤロシンスカヤ 前掲書316ページ。
[注57] 『週刊文春』2011年6月9日号。

図2　出生年ごとにみた米国の大学入学適性試験（SAT）の国語の成績

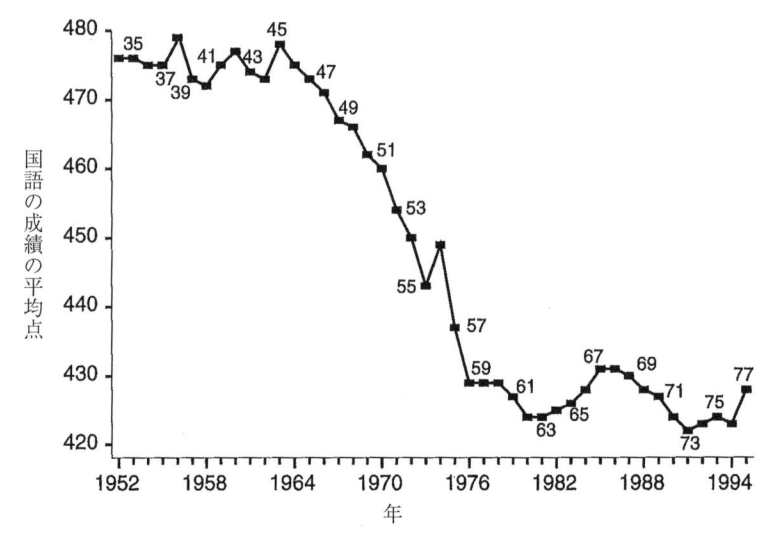

ジェイ・マーチン・グールド『低線量内部被曝の脅威』緑風出版　2011年87ページより。核実験が行なわれた1945年から1963年までに生まれた生徒のSATの成績は急落した。

だし廃棄量の半分だけの処理）から、原子力委員会の推計では43兆円（全量処理）が必要といわれている[注58]。

　これらの費用が、今後長期にわたって、政府財政を圧迫することは必至であり、結局は大増税と社会保障費の切り捨てとして人民大衆の上に更に重くのしかかろうとしている。事故の結果は、東電にとどまらず、すでにギリシャの水準（GDPの1.5倍）を超えて破綻している日本政府の財政状況（国債残高約1140兆円、GDPの2.4倍）を本格的なデフォルト（国家破産）へと導こうとしている。

　(4)　今回の事故がもたらす国民的な集団的被曝の結果、今後長期にわたって疾病・がんの多発、大量の早死や早期非労働力化がもたらされる可能性

[注58]　市村浩二巳「核燃料サイクルは破綻している　今こそ再処理を考え直す時」『日経ビジネスオンライン』（2011年7月7日）（http://business.nikkeibp.co.jp/article/opinion/20110705/221302/?P=3）。

が高いが、それによる労働力の再生産上の損失・教育投資の逸失・国民医療費の膨張など、だれがどう負担するにしろ、社会全体としてみた経済的負担は法外に莫大であることである。それは、直接の事故処理・賠償費用を大きく上回り、その数倍数十倍となる可能性が高いであろう。だれが支払おうと、これが直接の事故処理・賠償費用に加わることになる。すでに過去20年以上にわたって慢性的危機と停滞にある日本経済には、これは過重な重荷である。更には被曝によって、すでに現在でも支配層側が危惧している若い世代の知的精神的能力の低下・創造性の低下などが、更に進む可能性がある。この点に関し、アメリカの核実験による子どもの被曝と、アメリカの統一大学入学試験点数の急速な低下とのあいだの関連を示唆する資料がある（図2）。

すでに日本の支配層にとって、日本はかつてのような勤勉で優秀な労働力の源泉ではなくなりつつある。このように原発推進の現実の社会的コストは、日本程度の「経済大国」にとってさえ、国民経済に耐えがたい負担を負わせることが明らかになってきている。

（5）原発に固執した場合、日本の核燃料と技術の面での対米対仏従属がいっそう強まる可能性が現実のものとなってきたことである。日本は、自前のウラン資源も濃縮技術・施設も持たず、燃料用ウランを完全に輸入に頼っている（『原子力白書』によれば米仏英から99％を輸入）。また再処理技術の大部分はフランスに依存している。日本が今後原発と核燃料サイクルへの投資をたとえ継続できた場合でさえ、その過程は過大な財政負担を求められながら、資金の大部分は結局アメリカやフランスに独占的利潤として流出し、その下で日本の核技術面での対米・対仏従属はかえって深まるほかない[注59]。

（6）これらの諸条件全体からして、原発・核燃料サイクルへの固執は、もしもそれが支配層と原発推進勢力の思惑通りに行なわれるならば、また行なわれうるとしても、次の諸結果となって支配層自身に跳ね返ってくる可能性が高いということである。

①日本経済における著しい投資不足、生産設備やインフラの老朽化、経済的活力の低下、停滞と腐朽化。
②教育のいっそうの荒廃と国民の全般的な教育水準の低下、国民的な健康

[注59] ここでは、西尾幹二の証言を参照しておこう（前掲西尾論文）。

水準の顕著な低下、病気の蔓延と全般的な社会的荒廃、社会的労働力の再生産の危機。

③すでに表面化している国際競争における日本の全般的地位の低落――現に貿易収支の赤字傾向のみならず所得収支も加えた経常収支でも赤字になる月が出てきているという統計数字の中にはっきり現われている――の一段の進行、おそらくは急落。

④これらによる日本の帝国主義的「国力」の顕著な弱体化。

⑤帝国主義が全一支配する「冷戦後の世界」では、それ自身一個の帝国主義である日本の、最強の帝国主義に対する（具体的にはアメリカに対する・次には中国に対する）従属関係の一段の深化[注60]など。

一言でいえば、いままで日本のマスコミや学者たちが声を揃えて嘲笑してきた、チェルノブイリ事故以降のソ連の運命が、ソ連末期の経済的な停滞と危機と崩壊が、福島事故を引き起こしながら原発に固執する日本において形を変えて繰り返されるほかない、ということである。

以上検討してきた諸事情から、原発を推進してきた同じ帝国主義的利害の上に、帝国主義的国際競争に打ち勝つ利害のために「脱原発」を進めようとする支配層内部の一つの傾向が現われている。筆者はこれを「帝国主義的脱原発」と名付けたい。ドイツ、スイス、イタリアなどの脱原発の動向は、根底

[注60] ここで中国を挙げたのは意外に思われるかもしれない。経済学的に見れば、中国では社会主義が解体されて資本主義が支配的生産様式となり、生産・資本の集積が進み主要工業と銀行部門において私的・国家的独占が形成され、工業独占体と銀行独占体が癒着融合して金融資本が成立し、対外資本輸出が始まり、中国の独占体が世界の経済的分割に参入し、更に軍事・外交的にも中国が世界的な勢力圏の分割に加わってきている、などの諸指標から判断して、中国はアメリカに次ぎヨーロッパと並ぶ世界最強の資本主義的帝国主義の一つに成長転化した、と規定しなければならない（レーニン『帝国主義論』の帝国主義の定義は、世界の領土的分割が、直接的ではなく間接的になった点を除けば、基本的にそのまま当てはまると考えるべきである）。日本の支配層中枢が対中の力関係をいかに「感じている」かは、露骨な原発推進論者・米倉経団連会長が、尖閣列島海域における日本巡視船と中国漁船の衝突事件に対して行なった、「領土問題について両国とも強い主張を持っており」（日本政府は）これ以上「追及すべきでない」という発言のなかによく現われている。当時、この発言は、日本政府が躍起になって否定している中国との「領土紛争」の存在を、財界トップが自ら認め、中国側の領土要求に理解を示したものであるとして、田母神らの右翼グループから批判された（Wikipedia日本語版の「米倉弘昌」の項参照。http://ja.wikipedia.org/wiki/%E7%B1%B3%E5%80%89%E5%BC%98%E6%98%8C）。その後、両者は原発の強行推進の主張で一致することになり、田母神らの経団連批判は立ち消えになっているようである。

的には、それら諸国における反原発・脱原発の大衆的運動の成果である。しかし、それを現在の保守政権が推進する限りでは、この帝国主義的脱原発の傾向を体現したものである。脱原発を目指す広範囲の社会的運動は、まずは、支配層に対し、原発の維持・推進への固執からこの方向への転換を要求するものであるが、後述するように、それが広範囲の人民大衆に立脚した真に脱原発を最後まで追求するものであるかぎり、決してその枠内に留まってはならないのである。

8節　原発推進・被曝強要政策の背後にある衝動力

しかし、民主党政権と支配層の「破局的事故の再来を前提にして原発を維持・推進する」「国民への被曝を強要する」という支配的路線の危険性は、内部に動揺や躊躇があるという事実によっては、決して弱まったりなくなったりするわけではない。

この異常にも見える原発推進・被曝強要政策への固執の背景には、電力独占・原発推進勢力の利害や日本の支配層の原発輸出とそれによる対外経済進出の利害があるにとどまらず、日本の独自核武装準備への野望があると考えるしかない[注61]。事故後、独自核武装論者・極右勢力の発言に一部マスコミ

[注61] 前掲 Economist の特集は、また、原発推進政策と、推進国の核武装準備および核拡散の危険との不可分の関連を明確に指摘している点でも注目される。前記の注52で述べた諸点に加えて、③原発の経営的経済的不採算性を考慮すると、原発を稼働し推進するとすれば、国家の助成がある場合に限られる、④国家が原発に助成し続けるとすれば、その国家が核武装を行なう目的をもっているか、核武装という選択肢を持ち続けたいと考える場合、すなわちいずれにしても核拡散につながる場合だけであろう、と指摘している。すなわち、原発は「経済の産物」ではなく「政治の産物」であろうとしているというのである。Economist は、たんにイギリスのみならず直接に世界の支配層向けの雑誌であり、世界の金融帝国主義の最も保守的な、しかもその利害を最も露骨に代弁する雑誌の一つである、それが原発についてこのような評価をしたことは、非常に重要である。ただし、ここで付言すれば、もう一つ重要な点は、Economist の特集には、原発の事故と日常運転による国民の被曝特に低線量被曝の危険性という観点がまったく欠けている、あるいはそれを一貫して無視していることである。被曝の問題は、反帝反独占的・人民的脱原発が、帝国主義的脱原発（脱原発依存も含む）と自己区別していく上で、ますます決定的で中心的な争点の一つになっていくであろう。

（特にサンケイ系）が注目し、彼らに、菅首相による浜岡原発停止は「日本の弱体化」だと主張する機会が与えられた。田母神元航空自衛隊幕僚長は、福島事故で被曝が問題になっている程度（100ミリシーベルト）の「放射能はかえって健康によい」というデマを公然と振りまき、国民が被曝しても、断固として原発を推進するべきだと主張する役まわりを与えられている。更に日本はすぐに独自核武装に着手すべきだとする宣伝を強めている。この事実自体が、原発の推進と露骨な独自核武装の野望との不可分の結びつきを明らかに示している。日本最大の新聞である読売新聞は、2011年8月10日および9月7日の社説において、原発・核燃料サイクルは「核兵器の材料になりうるプルトニウムの利用」による「潜在的な核抑止力」でもあるのだから、事故による「『脱原発』ムードに流されず」に「運転再開」「新設」も含めて今後も「推進すべき」であるという主張をかかげた。同紙は従来から原発推進の先頭に立ってきたが、いまや、原発推進が日本の核武装準備そのものであることを公然と認め、まさにこの核武装準備の目的のためにこそ、事故があろうと原発を断固推進すべきだと赤裸々に要求するにいたった。脱原発が「潜在的核抑止力」を放棄することを意味するということは、現在の原発推進は核抑止力・核武装のためなのである。

　更に言えば、国民を強引に被曝させようとする現在の政府のキャンペーンは、原発推進のためであるだけではない。アメリカと世界の帝国主義は、劣化ウラン弾や核バンカーバスター爆弾など「使える核兵器」開発に力を入れ、それらによる「低レベルの限定的核戦争」を準備している（もちろん実際に始まった戦争が「低レベル」や「限定的」で終わるという保証はない）。更に北朝鮮の核武装をめぐる緊張に加えて、中国は、太平洋から接近してくる米空母艦隊を攻撃する中距離核ミサイルを開発・配備中と伝えられ、アメリカは対抗措置を検討している[注62]。日本周辺の西太平洋が新しい核戦争準備の中心になろうとしている。現在の一種異様かつ異常な被曝正当化キャンペーンは、国民を被曝に慣れさせ、被曝が当然であるかの風潮を作り出すことによって、

[注62] 五味睦佳「続　中国に対抗する我が海洋戦略」『軍事研究』2012年4月号参照。同論文によれば、中国の新聞『環球時報』（2011年2月18日）は、中国がこのクラスのミサイル（DF-21D）の配備を「すでに開始した」と報道しているという（168ページ）。

新しい形の核戦争を準備する米日の核戦略の一環であると考えるほかない。

　劣化ウラン弾が大量に使われたイラクやボスニアでは、すでに大量のがんやがん死が特に子どもたちの間で生じている。イギリスでは、イラク戦争に参戦して劣化ウラン弾によって間接的に被曝した兵士の間に、がん発症やがんによる死が問題化している[注63]。今政府が行なっている国民的な被曝強要体制の構築は、客観的には、核戦争による大量的放射線被曝のシミュレーションでもあり、この意味でも核戦争準備の一環であるともいえる。ただし、放射能の主な矛先は、驚くべきことに、自国民に（！）向けられている。

　アメリカを先頭とし、フランス・イギリス更には中国・韓国・ロシアが続くという形で、今のところ帝国主義の支配的傾向として、脱原発よりは、原発維持・推進が強く表われている（ただし、世界で最も原発依存が強いフランスでは、社会党が「脱原発依存」を打ち出し、原発依存度を50％に下げる方針を提起しており[注64]、もし次期大統領選挙で社会党が勝利すれば、この傾向が変わるかもしれない。〔本稿は大統領選挙前に書かれたものである。〕）。更に新興諸国・発展途上諸国では、原発建設を、自国の強大化と核武装準備という意味を込めて進めようとしている。イラン・インド・トルコなどでは原発推進方針のなかには、それらの国の支配層の「亜帝国主義」的利害が反映されている。

　日中韓の三国は、原発推進と原発輸出に特に積極的であり、福島事故後の三国首脳会談（2011年5月21～22日）は、原発安全対策・事故情報の共有とあわせて、原発が「引き続き重要な選択肢であることを認識し」「原子力施設を安全に運転し続けること」を共同で確認した[注65]。それによって、日本

[注63] 肥田舜太郎・鎌仲ひとみ『内部被曝の脅威——原爆から劣化ウラン弾まで』（筑摩書房、2005年）参照。第1次イラク戦争において、劣化ウラン弾で破壊されたイラク軍戦車の事後処理にあたった英軍兵士が退役後に大腸がんによって死亡した件をめぐる裁判では、検死陪審員によって、劣化ウランが元兵士のがん死を引き起こした原因であることが認定された。この件については、英テレグラフ紙が2009年9月10日付で詳報している Ex-soldier died of cancer caused by Gulf War uranium（http://www.telegraph.co.uk/news/uknews/defence/6169318/Ex-soldier-died-of-cancer-caused-by-Gulf-War-uranium.html）。前述のクリストファー・バズビーは、退役兵士が起こした一連の劣化ウラン被害裁判の支援活動も行なっている。

[注64] 大竹剛「原発大国フランスが政策転換？」『日経ビジネスオンライン』2012年1月23日。http://business.nikkeibp.co.jp/article/world/20120119/226293/?rt=nocnt

[注65] この意味で、2012年3月11日に発表された、日中韓の311人の著名人や活動家による「東アジア脱原発・自然エネルギー311人宣言」は、脱原発の重要な国際連帯行動であり、きわめて注目される（http://npfree.jp/download/statement_311.pdf で読

が事故にもかかわらず原発推進を続けるという方向を、中韓が後押しする形となった。更にまた日本は、アメリカと共同で、福島事故で生じたものも含め、高レベル核廃棄物をモンゴルに輸出し、モンゴルを核のゴミ捨て場にしようと画策していると伝えられており、今後注意が必要である[注66]。更に、現在商談中の原発輸出の具体的条件は明らかにされていないが、福島事故にもかかわらず相手国が一定積極的だということから、マスコミの一部には、これら輸出商談に、事故に対する日本政府の補償条項が入っている可能性がある、と警告する見解がある[注67]。原発輸出によって、東芝・三菱・日立など輸出企業は巨額の利益を得るが、それと引き換えに、将来原発が輸出された国で事故が生じたような場合、莫大な賠償金要求が行なわれ、結局、日本国民の税金から支払われなければならなくなる現実の危険性があることに注意しなければならない。

アメリカは、日本で震災と原発事故が起こるや、すぐさま、空母機動部隊を派遣し、被災地救済の名の下に米軍地上部隊を上陸させた。このような米軍の動きは、日本における原発推進が、アメリカの世界戦略と不可分に結びついており、その一環であることを如実に示した。「トモダチ」作戦は、日本の被災者を救助する活動を、沖縄と日本の人民大衆を「友人」のポーズをとって「なだめる」ことを目的としていただけではない。それは、日本本土を、米軍が、好きな時に好きな場所を自由に占領することを既成事実化しようとする試みであった。いわば「本土」全体を「沖縄化」しようとするものであ

むことができる)。

[注66] 共同通信の2011年7月18日の報道「使用済み核燃料をモンゴルに貯蔵　日米との合意原案判明」参照。http://www.47news.jp/CN/201107/CN2011071801000391.html

[注67] 『日経ビジネスオンライン』が、この点を警告する記事を掲載している事実に注目しなければならない。日本経済新聞の産業部編集委員である安西巧が書いた「『原発輸出』再開の愚」(2011年11月11日付) は、次のように、日本政府が原発輸出に政府による事故補償を付けて推進しようとしている可能性を示唆している。「(日本から輸出して)稼働した原発が万一事故を起こした場合に巨額の賠償請求を断ち切れるのか」「設備は最新鋭でも人的過失は避けようがない。福島の事故で原子炉メーカーの米ゼネラル・エレクトリック (GE) の製造物責任が問われないのは、日本の原子力損害賠償法 (1961年) が米政府の強い影響力を払拭できない状況下で制定され、第4条で事業者 (電力会社) のみが無過失責任、無限責任を負うと規定されているからだ。こんな風に外国の法律を自在に操る離れ業を今の霞ヶ関や永田町の住人がやってのけることが果たしてできるのか」と (http://business.nikkeibp.co.jp/article/report/20111107/223672/?P=4)。

った。仙台空港が震災直後から3月末まで米軍の直接の管理下に置かれていたという事実の中にも、このアメリカの帝国主義的植民地主義的意図が示されている。

このアメリカの論理で行けば、南海地震が起これば関西・伊丹空港と大阪を、東南海地震が起これば中部国際空港と名古屋を……となるだけでなく、東京を大地震が襲えば、米空母機動部隊が東京湾に結集し、羽田空港を米軍が占領し、米軍が都心に大量配備されることになる。人々はそれら全てをアメリカの「友情」の印として「もろ手を挙げて」歓迎するのだろうか。「トモダチ」作戦は、原発事故を核攻撃に見立てた日米共同演習でもあった。それは、自衛隊の対放射能装備の脆弱性を明らかにし、アメリカがその強化をもとめる格好の機会となった[注68]。

アメリカはまた、東電の事故対応過程に対して直接介入し、米原子力規制委員会NRCのエージェントたちを東電に常駐させた。東電は、重要な事故情報を、日本政府よりも先にアメリカ当局に渡していたことが明らかになっている。例えば、東電が福島原発内の線量マップを日本政府に提供したのは、アメリカ当局に提出した翌日であった[注69]。これらの事実は、事故対応の中で放射能を大量に流出させたことに対して、当然アメリカ当局もまた責任を問われることになることを示している。日本国民は、アメリカによる原爆投下によって放射能の人体実験の材料にされたのと同様に、いまアメリカで設計された欠陥原発の事故によって、更にアメリカが直接関与した事故対応の不手際によって、ふたたび放射能の人体実験の材料にされているといえる。

9節　客観的に求められている要求——懲罰的国有化と民主的統制

①原発の運転再開を止めさせること、②低線量内部被曝の危険性を訴えがれき処理を含めあらゆる被曝の強要に反対すること、③事故の徹底的解明

[注68]『丸』(潮出版) 2011年7月号震災特集など参照。
[注69]『日本経済新聞』2012年2月12日。

を求めること、④原発輸出に反対することは、被害の賠償を要求するとともに、脱原発をめざす運動の現在の中心課題となっている。福島の住民の運動は、事故に係わる全ての被害の完全かつ全面的な補償を東電と政府に対し要求するのと合わせて、広島・長崎の原爆被爆者と同様の、健康手帳交付などによる、全ての被災者の、生涯に及ぶ、更に2世3世に及ぶ、疫学的調査と、将来の健康障害やがんなどの発症への補償を要求する必要がある。

　福島の破局が前に押し出しているのは、原発は全て廃棄するしか途はなく、全ての原発の即時運転停止から、廃炉に向かって、可能な限り急速に、たゆみなく進んでゆく（それでも数十年を要する）以外に選択肢はない、またそれとあわせて「核燃料サイクル」全体、再処理工場、「もんじゅ」などを停止し、これらもまた長期にわたって全て廃棄していかなければならない、という真実である。だが反原発・脱原発運動は、この目標に向かって進む上で、それを客観的に保障する「社会経済的要求」をもまた、明確に掲げなければならない。マルクス主義経済学によれば、それは「国有化と民主的統制」である[注70]。可能な限り懲罰的・没収的な国有化と、徹底した民主的統制とを、不可分に結びつけることである。第二次大戦後、戦中の対ナチ協力への懲罰として没収的に行なわれたフランスのルノー国有化などの歴史的事例に学ぶべきである[注71]。

[注70] 国有化についてのマルクス、エンゲルスの発言は数多く、ここで詳論することはできない。最低限触れておきたいのは、マルクス、エンゲルスの国有化論には、大きく2つの内容があるという点である。第1は、マルクス主義経済学のいわば「最後の言葉」である「収奪者の収奪」の具体的形態としての、その意味で社会主義的生産様式に移行する形態としての、国有化である。第2は、現在の資本主義国家が行なう国有化であり、客観的な条件が成熟している場合、そのような国有化を進歩として評価する見解である。注意していただきたいのは、ここでは、第1の国有化についてではなく、第2の国有化について論じているという点である。もちろん同時に、マルクス、エンゲルスの国有化論には、第2の国有化は、方向性として第1の国有化を指し示し、またそれに移行する形態になりうるという内容が含まれており、一面化は許されない。重要文献としては、少なくとも、『共産党宣言』(1847年)、『共産主義同盟への中央委員会の呼びかけ1』(1850年)、『資本論』特に第1巻第7篇第24章および第3巻5篇27章、『反デューリング論』特に第3章(1878年)、エンゲルスのベーベルあての手紙(1884年12月30日付)、オッペンハイマーあての手紙(1891年3月24日)を挙げるだけにとどめる。レーニン『さしせまる破局』(1917年)も参考になる。

[注71] 最近の文献では、モーリス・ラーキン『フランス現代史』(向井喜典ほか訳、大阪経済法科大学出版部、2004年)がある。同書によれば、ルノー国有化は次のように特徴づけられている。「ルノー社の財産と工場は1945年1月16日に、補償なしで国有化された。このことは、ドイツに武装車両その他をルノー社が供給していたという重

国有化と民主的統制の課題をさしせまったものにしている条件の一つは、事故対応と事故賠償をめぐって、東電が深刻な経営危機に陥っていることである。東電は、すでに事実上の、あるいは半ばの、破産状態にある。私企業としては、賠償支払いの途中にも破綻しかねない危機的事態にまで来ている。政府のバックアップの「約束」がなければ、銀行・金融機関が貸し渋り、東電は資金繰りに窮して、返済期限が迫っている社債を償還できず、倒産してしまうからである。東電が債務不履行に陥れば、危機は銀行に飛び火するであろう。株式市場で最優良銘柄の一つだった東電の株価（2011年3月11日には2121円）は、事故後大暴落している（2011年6月3日には284円まで、87％の下落を記録、その後2012年3月9日には232円にまで下落している〔3月22日には213円〕）。電力会社全体の株価がそれにつれて急落している。金融市場では、電力債の取引が、事故以後、麻痺状態にあり、ほとんど止まってきた（2012年3月まで）。日本の社債市場全体も、恐慌状態にあり、社債発行高が2010年比で半分以下に落ち込んでしまっている。

　政府の「事故補償機構」は、東電だけでなく他の電力会社を巻き込み、東電と全国の電気料金の大幅値上げによって、更に政府の国債発行と結局は消費税の大増税によって、東電の「損害賠償」をバックアップし、事故の尻ぬぐいをし、東電と原発推進勢力に「くれてやる」ものである。それは、更に、今後も今回のような原発事故が生じるであろうことを想定して、それを前提に、消費者と納税者としての人民大衆の犠牲によって、次の事故に備えて保険をかけ、電力会社を予め保護しようとするものである。それによって結果的には、電力会社に対し、「事故を起こしても結局は救済されるのだ」という危険極まりないシグナルを送ることになり、かえって事故の可能性を高めるといういわゆる「モラルハザード」を引き起こそうとしている。

　だが賠償は100兆円を超え、GDPの2割以上になる可能性がある[注72]。政府はいままで東電の「公的管理」を避けながら、すでに2月までに東電に1.6兆円も投入し、更に今後資本増強として更に1兆円を投入しようとしている。枝野現経産相と民主党政権内の国有化論者は、東電国有化を、自分たちが手

　　大な記録の結果として起こった」と（153ページ）。
[注72] 元裁判官の井上薫は、『原発賠償の行方』（新潮新書、2011年）で、賠償額は「100兆円でも足りない」という読売新聞の報道を肯定的に評価している（15ページ）。

中に収め自由に分割してばらまくことのできる巨大な利権として利用しようとしている。東電は、経営権に固執し、政府からカネだけは貰って、国有化を何としても避けようとしている。賠償支払もできるだけ遅らせ、可能な限り削減し、獲得した巨額の公的資金を持ち続けようと試みている（東電の事故以来の赤字と賠償支払額――それぞれおよそ6300億円と4500億円――を合計すると約1.1兆円であり、政府から得た1.6兆円から差し引くと、東電は現金収支上約5000億円をキャッシュフローとして確保したことになる。これに、今回行なわれようとしている政府からの資本補強分1兆円を付け加えると、東電が確保した資金額は1.5兆円にもなろうとしている）。

　東電国有化問題では、財界トップの間に亀裂が生じており、あくまで東電の利害を護ろうとする「日本経団連」トップと、国有化を容認する「経済同友会」指導部とのあいだに見解の分岐が生じている。

　東電は一方的に大口電気料金の値上げを発表したが、これには、東京都を始めとして、自動車・製紙・化学などの製造業の大企業や業界団体、更には百貨店や農協などの大口利用者の中にさえ、強い批判と反東電的傾向を生み出している。東電が電力料金の一方的な値上げによって経営状態を立て直すことは、もはや不可能なところまで来ている。

　銀行は、貸し倒れの危険を感じて、東電に対し融資継続の条件として「原発の再稼働」を要求している[注73]。これは、東電をめぐる危機の深刻さを示すと同時に、巨大銀行自体が原発推進の中核の一つであることを自己暴露するものである。大銀行は、いままで東電や電力会社への貸付から莫大な利益を得てきた。原発推進勢力の中核の一つとしての大銀行の責任は厳しく追及されるべきである。

　これらの事実は、客観的事態そのものが、まずは東電の国有化、更には東電だけでなく電力部門全体の国有化を強力に迫っていることを示している。反原発・脱原発の運動は、このような条件の下で、国有化問題に無関心になったり、沈黙したりしてはならない。日本弁護士連合会が、賠償担保のために、東電の送電網の国有化を提起していることは重要である[注74]。また平・

[注73] 『読売新聞』2012年3月1日。
[注74] 『産経新聞』電子版、2011年6月20日。日本弁護士連合会のホームページでは、http://www.nichibenren.or.jp/library/ja/opinion/report/data/110617_2.pdfにある。

鳩山の前掲論文が、事故解明のため関連データを接収する目的での東電の国有化を要求していることもまた注目に値する[注75]。真に脱原発を進めるためには、運動は、事故を起こした東電および原発を推進してきた電力会社全体の「懲罰的」かつ「没収的」な形での国有化と、その徹底した「民主的統制」を要求しなければならない。数十年はかかるであろう賠償と原発全廃過程を、国有化と民主的統制の下で国家が責任を持って保障するように主張しなければならない。

　国有化の範囲は、更に広く考えなければならなくなるであろう。原発関連産業特に福島原発を設計建設した日立やGE（ジェネラルエレクトリック）にも事故の責任をとるように要求し、また現在原発メーカーを不当に保護している「事故免責」条項を廃止させ、原子力関連産業全体の「懲罰的没収的民主的」国有化とその事故処理・廃炉業務への事業転換を要求する必要がある。東電に関して起ころうとしている大規模な金融恐慌は、また銀行が先頭に立って融資をテコとして原発の再稼働を要求する動きは、国有化・民主的統制措置が、電力にとどまらず銀行・金融に進んでいくことを要求するであろう。

10節　脱原発要求がもつ自然発生的な反帝・反独占的性格

　最大の問題は、共産党が国有化と民主的統制を要求として掲げていないことにある。党として触れないだけでなく、『経済』などの理論誌でさえも慎重に避けているように見える。

　まず共産党の原発への姿勢そのものが揺れている[注76]。この間の経過を簡単に振り返ってみよう

　事故直後に、共産党は「安全最優先の原子力行政への転換」を自分の要求として掲げた（『被災者支援・復興、原子力・エネルギー政策の転換を――東日本

[注75]（注14）を参照のこと。
[注76] 共産党の原発政策をめぐっては、ネット上にたくさんのブログが提起されており（いくつかは党員自身によると思われる）、真剣なものもあり、参考になる。ここでは参照したブログ名だけ示す。「土佐高知の雑記帳」「不条理なる日本共産党Livedoorブログ」「共産党の原発問題についての歴史的変遷　市民社会フォーラム」など。

大震災にあたっての提言』2011年3月31日）。重要な点は、この時点では「脱原発」は要求とはなっていなかったという事実である。これは「安全な」原発推進政策を自分の要求としたということに等しい。

5月に、共産党はその方針を転換せざるを得なくなり、ようやく「脱原発」「原発ゼロ」を掲げるにいたった〔『復興への希望がもてる施策、原発からの撤退をもとめる　大震災・原発災害にあたっての提言（第2次）』2011年5月17日〕。これはある意味で反原発・脱原発を求める広範な国民の要求を反映したものであった。

6月に入ると、すぐに、この「脱原発」方針の動揺が始まる。6月6日付『しんぶん赤旗』は、原発推進勢力の最重要なリーダーの一人といえる石川迪夫・日本原子力技術協会最高顧問のインタビューを掲載し、同党の事実上の機関紙上で、この原発産業の代表者が堂々と、「放射能との『戦争』」に「一糸乱れずに動く」「東電、日立、東芝の職員」を称え、今後も「原子力発電を続けるべき」だとする意見を表明するのを許したのである。

8月25日には、共産党は、おそらくは当時辞任しようとしていた菅首相の後継者との関係を考慮に入れて、原発推進勢力に更に一定の理解を示す方向を表に出した。志位委員長自身が、社民党と自己区別する形で、「私たちは核エネルギーの平和利用の将来にわたる可能性までは否定しない」「その可能性までふさいでしまうのはいかがかとの考えだ」と発言したからである。

10月3日には、『しんぶん赤旗』は、放射線防護学の専門家とされる野口邦和・日本大学講師の論説を掲載し、「福島の放射線量は3年で半減する」から「ていねいに水洗いする」など「食べ方を工夫」すれば「未来は必ず開ける」などと、原発推進の御用学者や政府でも述べないような超楽観論を展開した。

10月7日には、共産党は、再び「原発からのすみやかに撤退」を要求する提言を発表したが、今度は「国の総力をかたむけ」「除染に取り組む」とする、除染万能主義といってもよいまでの除染中心の政策を提起し、政府が進める除染による早期帰還方針に事実上の支持を表明した（「選別と切り捨ての『復興』ではなく、全ての被災者の生活と生業を支援し、地域社会全体を再建する復興を──大震災・原発災害にあたっての提言（第3次）」2011年10月7日）。

短い期間に生じたこれらのこと全ては、共産党の原発方針の本質が「動揺」であることを示している。すなわち、原発推進勢力との妥協を模索する

路線と、脱原発・反原発の立場との間で、常に「動揺」し、常に見解が変化し、定見がなく、まったく相対立する見解を同時に掲げたり展開しても何とも思わない、ということである。だから『しんぶん赤旗』紙上では、各地の脱原発を目指すいろいろな運動が紹介され、東電と政府の危険な意図や放射能汚染の事実が明らかにされ、この面で脱原発の運動への貴重な貢献が行なわれていながら、その中で、上のようなまったく異質の主張が行なわれているのである。

　人々はこのような共産党指導部の行動に「不条理」を感じているが、これは「不条理」でも何でもない。本質なのである。共産党には、いままでの「原子力の平和利用推進」方針を真摯に反省し、脱原発の方向で徹底するしか生きのびる途はないのだが、指導部にはその勇気がない。マキャベリのすぐれた研究家・武田好は、マキャベリの基本思想の一つとして、政治指導者の持つべき「決断力」をあげ、二つの戦う勢力がある場合、指導者は旗幟を鮮明にしてどちらかを支持すべきであって、二つの勢力の間を動揺して「中立を守ろうとするものは必ず滅ぶ」というマキャベリの命題を前に押し出している[注77]。共産党指導部についても、今のような動揺が続く場合、このマキャベリの箴言が現実のものにならないという保証はないのではないか、という深刻な危惧を生じさせる。いずれにしろ、動揺という意味では、共産党の原発政策は、マルクスを引き合いに出す以前に、マキャベリ以下的なのである。

　共産党は東電の国有化に対してははっきり消極的である。『しんぶん赤旗』によれば、同党の穀田恵二国対委員長は、2011年7月13日に、東電の国有化への対応について記者に質問され、「大事なのは、東京電力に全面賠償の責任をとことん果たさせるとともに、原発からの撤退の方針をしっかり打ち出すことだ」と答えたと報道されている。これは、国有化は「大事でない」というに等しく、事実上、東電国有化要求の否定である。このことは、共産党指導部の意図の如何にかかわらず、客観的には、国有化に反対し何としても公的管理を避けようと思っている東電経営陣と原発推進勢力の側に立つものであるといわれても仕方がない。

[注77] 武田好『100分de名著　マキャベリ君主論』（NHK出版、2011年）66～70ページ。原文は、マキャベリ『新訳君主論』（池田廉訳、中央公論社、1995年）132ページ。

共産党は、現在、原発政策に関し、1961年以来の政策的「一貫性」(不破哲三元議長・現在は社会科学研究所長)を強調している[注78]。そうだとすれば、共産党が、同1961年に決定された綱領において (1994年に改正されるまで)「独占企業の国有化および民主的管理」を当面の要求として掲げており[注79]、また1973年に決定された「民主連合政府綱領」では、重点施策として特に電力を含む「エネルギー産業の国有化」と「総合エネルギー公社への再編」を強調していた[注80]という事実に人々の注目が集まったとしても当然であろう。したがって、共産党にとって政綱の「一貫性」の観点からは、東電の国有化を掲げ、電力部門全体更にはエネルギー産業全体の国有化を掲げ、更に国有化の方法・形態が徹底的に民主的となるように要求し、国有化された東電の管理・再編での一貫した民主化を主張し、一言でいえば「国有化と民主的管理」を脱原発に進むためのテコとして活用し、これらの点で政府とも東電とも原発推進勢力とも闘い、また他の党と鮮明に自己区別したとしても、何の障害もないはずである。にもかかわらず共産党がいま国有化と民主的統制に消極的な理由は何か？――この間の共産党の対応は「東電と原発推進勢力に対する何らかの妥協があるのではないか」という疑惑を拭うことができない。

　脱原発のためには、これまで原発を推進してきた勢力、原発推進複合体の解体が必要不可欠である。それは国有化をテコとしてはじめて可能である。国有化した電力独占からの原発推進に協力してきた経営者たちの追放は、民主的統制の第一歩となるであろう。原発推進してきた中心人物・中曽根元首相を始め一連の政治家、電力経営者、安全管理の責任者などの処罰や、いま

[注78] 不破哲三『「科学の目」で原発災害を考える』(日本共産党中央委員会出版局、2011年) 15～16ページ。

[注79] 1961年の日本共産党綱領では次のように規定されていた。「独占資本に対する人民的統制をつうじて、独占資本の金融機関と重要産業の独占企業の国有化への移行をめざし、必要と条件におうじて一定の独占企業の国有化とその民主的管理を提起してたたかう」『日本共産党綱領文献集』(日本共産党中央委員会出版局、1996年) 169ページ。

[注80] 民主連合政府綱領では次のように規定されていた。「緊急のエネルギー問題を自主的、民主的立場から解決するためには、電力、石炭、石油、原子力、ガスなどエネルギー産業の主要な大企業の国有化が必要であり、これらのエネルギー産業を民主的に管理される総合エネルギー公社に再編する。」「新しくつくられる総合エネルギー公社はもとより、国鉄、電電公社など既存の公社、公団、事業団、営団、政府出資の特殊会社などについて、管理・運営と監査を民主化する」『日本共産党第12回大会決定集』(日本共産党中央委員会出版局、1973年) 121ページ。

まで原発を「安全」だと虚偽の主張を行ない、国民を欺し続けてきた大学関係者・学者・マスコミ・司法・政府関係者の処罰、また事故の重要データの隠匿者・メディアを通じて事故の影響を過小評価した専門家を処罰する制度を創設するように要求することは、事故を二度と繰り返さないために必要不可欠である。今は正確には言えないにしても、今後数万数十万単位の死者、おそらくはそれ以上の数の病人を生み出す事態を導いた人々は、重罪の犯罪者であり、決して許してはならない。

　かつて十数年前に発送電の分離と電力自由化を中心とした「電力改革」を主張した一部の官僚グループは、あわせてアメリカの独占体を引き込み、発電・送電部門の一部をアメリカに「くれてやる」ことを目指していた。彼らの失敗の最大の原因の一つは、当てにしていた米エンロン社が、アメリカでの「電力自由化」の下で、電力供給自体を金融商品化して投機の対象に転化し、投機的需要を人為的に膨張させ、カリフォルニアなどでの電力危機・大停電（2000～01年）の一因となり、結局アメリカの信用制度全体を揺るがす巨大な金融詐欺スキャンダルを引き起こして破産した（2001年）からであった。今回も「発送電分離」に絡んで、このような企図が繰り返される危険性を無視してはならない。またアメリカ側からも、迫り来る東電と電力部門の危機への介入が行なわれることは十分予想される。アメリカ政府と米軍の事故対応への介入が、けっして「友情」などではなく、冷徹な計算勘定に基づいた政治的「貸し」行為であり、来るべき東電の危機においてアメリカ政府と米金融資本が、東電と日本の電力事業に、更には原発関連産業に、直接介入する機会をうかがうという露骨な略奪的欲望と政治的圧力のデモンストレーションでもあったことは明らかである[注81]。国有化と民主的統制の要求を、反原発・脱原発運動の側が積極的に主張しなければならないもう一つの理由もまたここにある。

　もう一つの重要な点は、脱原発のための代替エネルギー、太陽光・風力・地熱・小規模水力・潮力・波力などによる発電に基づく「自然エネルギーへ

[注81] 高橋清隆「復興利権を狙う米国」『週刊金曜日』（2011年9月16日号）参照。アメリカはすでに外交ルートを通じて復興過程に介入することを公然と要求している。外務省ホームページにあるクリントン米国務長官「復興のための官民パートナーシップ」（2011年4月17日、公表は2011年7月）の項もあわせて参照のこと（http://www.mofa.go.jp/mofaj/area/usa/fu_j_us.html ）。

の転換」、各種の蓄電設備網の建設、更には消費側の「スマートメーター」を組み合わせた、「スマートグリッド」の導入のためには、国有化され統一された全国単一送電網が存在し、各種の分散した自然エネルギー発電施設がその単一送電網に結ばれ統合されて管理されることが、必要不可欠の前提条件となるということである。資本の無政府的な原理に依存しては、これは実現できない。

　日本はこの分野で大きく後れをとっている。現在の9電力による地域に分割された発送電の独占体制が、すでにこの分野での生産力の発展の最大の桎梏の一つになっているのは明らかである。9電力体制は、いまだに東西で周波数が違うという事態さえ放置したまま、この障害を克服するための本格的な努力をほとんど何もしてこなかった（変換装置の能力はわずか原発1基分程度しかない）。「節電」「エネルギー消費効率化」「余剰電力の活用」「自然エネルギーへの転換」「地域分散型発電」なども、その前提は、私的独占が管理するのではなく、国家が公的に管理し集中的にしかも民主的に統制される「全国的単一送電網」との接続にある。これがいわゆる「スマートグリッド」へ進むための客観的前提条件であり、この過程に対していかなる形で人民的民主的な統制を加えていくかが問題である。

　問題は、電力という高度の社会性をもつ部門において、「独占による弊害」すなわち独占がもたらす寄生と腐朽への傾向を抑え込み、更に資本の競争が生み出す無政府性の支配から解放し、その社会性を真の意味で実現する方向に前進する条件が必要であるという点にある。それが国有化と民主的統制、両者の不可分の結合である。この意味で、反原発・脱原発をめざす社会的運動は、その目標を実現する客観的諸条件自体によって、必然的に、独占に反対し、帝国主義に反対し、資本の無政府性に反対し、生産力の全面的な社会化を指向せざるをえないという性格をそれ自身の中に宿しているのである。

（2012年3月12日脱稿）

第五章　原発廃棄のために

1　本書全体のまとめ

　現在、低線量被曝・内部被曝の問題は、原発推進勢力と脱原発運動との闘争の焦点となっている。それは原発と脱原発をめぐる根本問題である。原発を推進する勢力は「原発の安全神話」が崩壊した今、「被曝しても安全」というデマをいっせいに振りまくことによって、被害を過小に評価し、原発の延命を目論んでいるからである。低線量被曝・内部被曝の危険性を真正面から認めそれに向き合い、真剣に取り組むかどうかは、人々の健康を守る脱原発の立場と、被曝を容認し原発推進に屈服・迎合する立場とを分かつ分水嶺となっている。

　原発の危険性は放射線による被曝にあり、特に内部からの長期にわたる低線量の被曝はフクシマ原発事故で顕在化しつつある、人類にとっての危機である。元来、地球の全ての生命体にとって、人工の放射性物質はその進化の過程で未経験の物質であって、体内の防御機構が働かず、無警戒で体内に取り込んでしまう。その脅威の源はこの放射性物質の生体内における未知の振る舞いにある。単に遺伝子レベルのDNAの切断という単純な機構だけでなく、より大切なことは遺伝子も含めて営まれる細胞の生体としての有機的な活動の破壊である。あらゆる生命体は、細胞間の有機的な活動によって生体を維持し、発生、成長、修復など総合的な運動が営まれている。人工の放射性物質は生体に対して、この統一的な運動の混乱や破壊をもたらす危険性がある。このように、微視的な個々の機構は解明の途上にあるが、次第に明らかになる真実として、生体系は予想以上に人工の放射性物質に対してもろくて壊れやすいものであるということである。それが遺伝的作用も含めて更に生態系にも大きな影響を及ぼす。

　現在、チェルノブイリ事故はこのような恐ろしい被害の実相を見せ始めたところであり、第1章でその一端が紹介された。それは奥の深い闇を見るような怖さがある。ようやく現在の分子生物学は、低線量の放射線の被害の多様な機構の例として、チェルノブイリ膀胱炎からがんへの多岐にわたる発現

機構に迫っている。この例が示すように我々のこれまでの理解を超えて低線量の内部被曝は危険であると推察される。ペトカウ効果やバイスタンダー効果は重要な問題である。なぜなら、これらの効果によって低線量被曝はその効果を幾倍にも強められるからである。

そして更に指摘しておかなければならないことは、グールド氏たちの乳がんの疫学調査や市川定夫氏のムラサキツユクサの研究が示している農薬など化学物質による汚染と放射線による被曝が複合的に作用し、その相乗効果が見られることである。日本における農薬の汚染度は高く、我々はいっそう注意深く環境汚染による放射線被曝の相乗効果を警戒しなければならない。

以上のような危機的な放射線被曝が現実に転化する過程の一つが原発震災の可能性である。日本は地震の多発地帯の真上にあり、何時、何処でも地震が起こり得る。例えば最近、敦賀原発が浦底断層と連動する断層の真上にあり、しかもその断層距離が35キロにもなる（M7.4）と判明した。同様の原発直下の断層の危険性は大飯原発、志賀原発で指摘されている。しかし問題はこれだけでない。第2章の応答スペクトルで見たように、この断層の活動によって発生する地震動は予測不可能なのである。地震動は個性的であり、現在の科学の理解を超えており、安全を保証するいかなる耐震設計もないと見るべきである。従って第二のフクシマ事故がどこで起こっても不思議ではない。

第2次世界大戦における日本の戦争責任は一億総懺悔の下にあいまいにされた。今また、原発事故の責任はあいまいにされている。「原発安全神話」とエネルギー危機のデマゴギーの下に原発を推進してきた責任は明確にされねばならない。このような責任追及の弱さが原発推進勢力の必死の巻き返しを許している。原発安全神話が崩壊した今、開き直り、逆に「放射線安全神話」を振りまき、原発事故をも恐れず、原発の推進を継続するという無謀な政策を追求している。

国家、電力企業、原子力産業と共に、科学者の集団も安全神話に寄与してきた。科学者は原子力の火をつけることに寄与しながら、脆弱な原発の耐震性を放置し、被曝した、あるいは被曝しつつある人々を非情にも見捨てている。

マルクス主義経済学に基づく分析から、核エネルギーの利用は国民的利益

に反するのみならず、人類全体の未来を危険にさらすものであることが示された。このように危険な核エネルギーの利用がなぜ強硬に推進され、なぜ廃棄が困難であるのか。それは、まず、原子力発電がエネルギー生産手段として資本であり、経済活動の中で利潤を生み出すからである。さらには、原発・核燃料サイクルの推進は同時に核武装の準備の過程でもあり、資本利潤だけではなく帝国主義的な戦略的軍事的利害に基づいて、さらに強行的に推進されてきたからである。原発の利用・推進は、電力・原子力産業など強力な独占企業はもとより、金融、建設、マスコミなど経済の中枢を支配する資本が政府と癒着し、政府を利用して、国策として進められてきた。従って、原発の廃棄には経済学的理解に基づく一貫した政策が必要である。更に再生可能エネルギーへの転換を推し進めるためには、独占資本の横暴を抑えるにとどまらず、独占資本の経済的支配の基礎そのものを攻撃し掘り崩すような民主的電力改革、電力の国有化と民主的統制を目指して国民の総意が結集されなければならない。これがマルクス主義経済学に基づく分析の結論であった。

フクシマ原発震災が、原発、核エネルギーの利用は人類の幸福と相容れないという現実の理解を進め、わが国民の自立した民主主義の発展につながるなら、子ども達に希望にあふれた未来を与える契機にすることができると思う。

2　二重の欺瞞性——がれきの広域処理と除染による帰郷

2-1　がれき広域処理

「がれきの広域処理」を政府が自治体に圧力をかけ必死に強行しようとしている。岩手県、宮城県のがれき2000万トンの20%弱約400万トンを全国に広域処理する予定という。復興の障害になっているというが、主な8割は岩手、宮城の地元の両県で処理し、放射線汚染の高い福島県は政府が地元で処理を行なうことになっているから、広域処理の停滞が復興の大きな障害になっているという政府の説明は正しくないことは明らかである。それ故、別の本当の理由がなければならない。処理に関連する大手企業の利害が注目さ

れている。むしろ地元で処理し、地元の雇用や産業に利用すべきであるという意見もある。

　そもそも復興の一貫としてがれきの処理があり、がれきの処理方法、利用は復興計画に従属してなされるべきである。例えば汚染度の低いがれきは防潮堤の土台として利用できるかもしれない。まず、住宅地として津波の心配がない場所をどう確保するかの地元での合意と復興援助の計画が必要である。

　そしてがれきの処理に当たっては公害や環境保護の原則がおろそかにされてはならない。薄めて拡散してはならないこと。総量で規制すべきことが原則である。ごみの焼却処理は再利用や減量・削減によって避けるべきであること。この原則は過去の公害においてこうむった尊い犠牲の上に得られた教訓である。この原則を環境省や学術会議が簡単に無視ないし軽視するのは理解しがたいことである。何のための誰のための、環境省であり学者組織なのであろうか。広域処理が公害の原則に反しているだけではなく、放射線防護の国際合意（以下に引用）にも反していることは明確である。

　「放射線防護の国際合意として、特殊措置をとることを避けるために、汚染された食品や廃棄物を，汚染されていないものと混ぜて『危険でない』とすることは禁止されている。日本政府は現在、食品について、および地震・原発事故・津波被災地からのがれき処理について、この希釈禁止合意に違反している。ドイツ放射線防護協会はこの『希釈政策』を至急撤回するよう勧告する。撤回されない場合、全ての日本国民が、知らぬ間に東京電力福島第一原子力発電所事故の『二次汚染』にさらされることになるだろう。空間的に隔離し、安全を確保し、管理された廃棄物集積所でなければ、防護策は困難である。『汚染を希釈された』食品についても同様である。現在の汚染がれきおよび食品への対応では、日本国民に健康被害が広がってしまう」。

　（ドイツ放射線防護協会会長　セバスティアン・プフルークバイル、2011年11月27日）

　具体的に検討するといっそう危険性が明らかになる。がれきに含まれている放射能（表面汚染量のみで正確な量は不明）、重金属、アスベスト、PCBによる複合汚染による内部被曝を全国民に拡大し「第2のフクシマ」を作ることを意味している。経済的にも、災害地の復興と雇用を遅らせる税金の無駄遣いの愚策以外の何ものでもない。すでに島田市でテストの焼却が行なわれ

た。京大の河野益近氏の松葉の測定では放射性物質の放出による汚染の増加が確認されたという。このように放射線被曝を全国に拡散するがれきの広域処理は行なってはならない。

2-2　除染による帰還

更に問題は「除染して帰還を促す政策」である。

政府が学者とマスコミを総動員して喧伝し進めている避難区域や警戒区域の一部を除染し住民を帰還させる政策は、除染した放射性物質を拡散・移動させ新たな汚染を創り出す以外のなにものでもない。

第1に、チェルノブイリの経験からも、これまでの日本における汚染除去実績からも除染は効率が良くない。除染率は最大で約40%で、60%は残るため高汚染地区では汚染後でも健康に安全とは言い難い。特に感受性が大人の10倍もある子どもの帰還後の再被曝は病気の再発などの誘因となる危険性がある。

第2に、除染作業は、作業に携わる人たちの外部被曝と共に吸入による内部被曝を増大させる。特に、高圧水洗浄による家屋の屋根や通学路などの除染は、大気中に放射性微粒子を含む微小な水滴を飛散させマスクなしの作業員や通行者の吸入による内部被曝の原因となる。除染に伴う汚染水は水路から川に流れ、放射性物質による汚染が生態系に拡大される。

土を削り取る除染作業においても、水が土に変わるだけで基本的に高圧水洗浄による除染作業と同様の結果をもたらす。削り取った土はシートでカバーして置くかシートでできたフレキシブルコンテナーに詰め込み一時保管所に保存して置くしかない。ビニールシートはγ線を遮蔽できないので野外に置かれた大量の土は、放射性セシウムによる外部被曝の線源になる。シートが劣化し雨水で放射性物質が流れ出れば、地下水や川を汚染する。

第3に、原発から60 km 圏内にある福島県汚染地区は、汚染が高いと推定される森林をもつ山々に囲まれている為、雨や雪解けにより放射性物質が流れ出し、一度除染した生活圏を再び汚染する。

第4に、福島第一原発の1〜4号機は、現在も放射能を出し続けており、地震等の自然災害によりいつ爆発がおこるかわからない。依然として、大量の放射能を放出しさらなる被曝をもたらす危険性がある。

このような汚染地区に帰郷することは、大人は勿論、未来の希望である子どもと将来にうまれてくる子どもに被曝を強要することになる。第1章のチェルノブイリの教訓で述べた様に、低線量であっても長期にわたる被曝はがん以外にも様々な病気を引き起こし、生活の質を低下させることになる。

　そもそも除染で帰還できるとする土地では年間20ミリシーベルトの被曝まで認められている。従来の放射線管理区域さえ年間5ミリシーベルトであり、それを超える汚染・被曝である。子どもはなおさら、人が住む地域は少なくとも、ICRPの国際的な公衆の被曝基準である年間1ミリシーベルト以下であるべきである。更に、バンダジェフスキーたちの研究結果によると、体重1kg当たり20から40Bqのセシウムの蓄積で心電図に異常が出るから、本来、被曝の危険性はICRPの基準よりもっと厳しく定めるべきである。特に子どもや妊婦は危険性が高い。心臓の異常から、突然の心臓発作が若い人にも見られ、恐れられている。ドイツの医師たちの、最近のチェルノブイリ事故の25年以上経った被害調査の検討結果でも、放射線被害の重大性を警告している。例えば遺伝的障害も第1世代で発現するのは10%くらいであり、今後更に2代目、3代目と増加する。「ドイツの原子力発電所周辺に住む幼児たちのがん・白血病の調査によるとほんの少しの線量の増加さえ、子どもの健康にダメージを与えることを強く示唆している」とのことである。低線量の放射線被曝を軽視してはならない。

　それ故、汚染地に帰還するのではなく、汚染していない土地への移住や避難ができるよう国家的な援助が必要なのである。やむを得ず子ども達を守るために自主的に避難した人たちは、本来国がその避難を補償すべきものであった。公的な援助がなされなければならない。

　東京電力や政府は高度に汚染している土地でも帰還してともかく住まわせれば地域を正常に戻したとして賠償を回避し、費用と責任を削減できる。病気が出ても因果関係の証明は難しい。移住させれば放棄された土地や新しい住居の保証をしなければならない。それを避けるために、無理でも正常化したとして急いで帰還させているように見える。しかし、これは危険を知っていながら帰還させるのであるから、故意の障害、殺人にも等しい行為である。住民を切り捨てることにもなりかねない。将来、人的被害が発生した時誰が責任を取るのであろうか。

国が税金から出す除染費用は総額1兆円から数十兆円に上るといわれている。その多くは原発建設に関わって来た大手建設会社、鹿島、大成、大林組に流れていく。

http://www.news-postseven.com/archieves/20120107_78749html
http://www.news-postseven.com/archieves/20120219_87429html

　これら3社は「100億除染モデル事業」の受注先でもある。除染ではなく、この1兆円の税金をもとに、全国の運動の力で汚染地区の人達の健康が保証され、移住による新しいコミュニティ創りと自立の為に使うことを政府に強制することこそが、本当の"絆"ではないだろうか。汚染を全国に拡大させる「広域がれき処理」はまやかしの"絆"である。福島原発事故後でさえも、原発推進勢力は反省も、犯した罪で裁かれることもなく、国民の税金を使って、国民の健康を破壊する道を強行しようとしている。

　歴史的現在においてわれわれに求められていることは、この流れを断ち切り、憲法が保証している健康で文化的生活を未来にわたって保証できる再生可能なエネルギーシステムを全国規模で実現できる新しい政治形態を追求することだと考える。

3　おわりに

　2011年9月19日には「さよなら原発1000万アクション」の集会が東京で開かれ6万人が参加して原発の停止と廃止を訴えた。脱原発をテーマとする市民集会として過去最大の規模であった。集会の登壇者は、政府、東電、経団連、政治家、マスコミを糾弾し彼らの責任を問いつづけることを求め、核武装の政治的意図をも背景とする原発安全神話の改訂版の台頭に警告し、野田政権の原発再開路線は人民に対する敵対であると断じ、私たちを馬鹿にするな、命を奪うなと怒りを露にした。また、一人一人本気で自分の頭で考え、確かに目を見開き、自分ができることを決断し行動し、これまでの幾多の打ちひしがれた経験を糧とし、民主主義の集会、市民のデモンステレーションによって今こそ脱原発を民主主義の下で声高く要求する時であると訴えた。

そしてこの集会をこれまでの集会の結節点であり出発点であると位置付けた。

そして2012年3月11日のフクシマ震災1年を迎え、日本全国で各地で反原発集会が開かれた。京都では10日5000人が円山公園に集まり、多様な催しの後、原発廃棄を訴えて市内をパレードした。あくる11日には福島県郡山市では「原発いらない！3.11福島県民大集会」が1万6000人が参加して開かれた。東京、大阪それぞれ1.6万人、1.5万人、名古屋、中国、四国、九州など全国各地で原発反対の集会が開かれた。そして原発震災1年を迎えて東京電力、政府、原子力安全委員会の責任追及と被害者の救済と被害の補償が要求された。人々は深い悲しみと耐えがたい苦しみを怒りに変えて一斉に立ち上がり始めた。経験不足など手探りではあるが、原発の危険性と放射線被曝の重大性が広まりつつある。運動の春を迎えようとしている。

同時に世界各地で福島事故から1年を迎えて、反原発集会が開かれ、原発廃棄の動きが強まっている。フランスでは6万人が参加し過去最大の反原発集会となり、脱原発を要求した。ドイツは2万人が集まり、原発廃棄を要求した。更に英国、韓国にも広がった。韓国では5000人が集まり脱原発を要求した。このように原発廃棄の運動は国際的であり、放射線被曝と原発の危険性、原発の政治経済的な批判は国際的に連帯した意義を持つものである。

2012年6月15日「さよなら原発1000万人署名」運動に取り組んできた大江健三郎氏らは集めた署名約754万人の一部を政府に提出し、原発廃棄を要求した。6月22日には大飯原発の再稼働に反対して4万5000人が首相官邸前に結集し、再稼働撤回を求めた。6月29日には大飯3、4号炉の再稼働に反対して20万人が官邸前に集結した。7月16日の東京代々木公園の「さよなら原発集会」には17万人が全国から集結した。同時に大阪で関電前、京都で関電支店前など全国各地で反原発集会が開かれた。

これらの運動の流れを確実にし、よりいっそう発展するのを支援するために、理論的科学的基礎の構築に努力しよう。

付録

以下は山田と大和田が、2012年1月21日三田市で開催された市民対話集会のために用意したものである。

I 放射性物質で汚染されたがれき処理の意義と問題点
―「第2のフクシマ」を起こさないために―
山田耕作

はじめに

福島原発事故は広島型原発約200個分にも相当する放射性セシウムなどの放射性物質を東北、関東、日本全土、近隣諸国、海洋など広範囲に撒き散らした。その結果、どのような被害が出るか大変心配である。セシウム137やストロンチウム90は半減期が約30年と長く、放射線被曝に対する長期の対策が必要である。

被曝について重要な前提

人工の放射性物質セシウムと自然放射性物質カリウムは同じベクレル数でも生体内での挙動が異なる。数億年にわたる進化の過程でカリウム40は重要な臓器に長くはとどまらず、被害は少ない。一方、人工の放射性物質であるセシウムは心臓、脳、腎臓など重要な臓器に蓄積し、それを傷つける。それ故、放射性セシウムの方が少量でもカリウム40よりも危険である。つまり、臓器への取り込まれ方が異なる〔大和田の文献1〕。

人体への影響の出るセシウムのベクレル数がベラルーシの研究によって明らかになった。体重1kg当たり20ベクレル（Bq）で心電図などに異常が出る。これは心臓の障害を表わし内部被曝にとって極めて重要な知見である。

このセシウムの蓄積は半分が子どもの体内にとどまる期間（生物学的半減期）を40日として毎日20Bq摂取すると200日で1200Bqに達し、体重が20

kgの子どもであれば60Bq/kg、60kgの大人でも20Bq/kgとなり危険域に入る。それほど猛毒である[文献1]。

ここではがれき処理の問題をテーマとして被曝と被災者支援の問題を考えて見る。

1　がれきの広域処理とは

東北3県にあるがれきを全国各地の焼却場や処分場で分担し、焼却処理や埋めたて処分することである。

2　その意義、目的は何か

8月26日に可決された特別措置法の目的「事故由来放射性物質による環境の汚染が人の健康又は生活環境に及ぼす影響を速やかに低減すること」を目的としている。それ故、除染し、同時に東北のがれき処理の負担を軽くし、復興を早めることが目的と思われる。例えば8月31日のNHKニュース解説で谷田部委員は除染で「樹木や草、建材など、焼却処分の必要なものも大量に発生します。最終的な出口が決まらないまま、震災で生まれたがれきの処理に加えて、除染で生まれる廃棄物の処理を進めなくてはならない」と述べている。

2011年8月の政府発表で岩手、宮城、福島の3県でがれきは2310万トンである。620万トンの石巻を含む宮城県が1500万トンと約7割を占める。一方、年当たり、全国の産業廃棄物は4億トン、家庭ごみが5000万トンである。それ故、東北3県のがれきは全国のごみの1/20くらいである。私は非常事態だからといって、東北のがれきを特別扱いしてよいのか疑問に思う。なぜなら、すそ切りといって普通の廃棄物として処理してよい基準が震災前の100Bq/kgから突然8000Bq/kgへ、更に10万Bq/kgへと緩和されたからである。

3　問題点

がれきの広域処理によって、放射性物質が全国各地に拡散する。除染をしても、被曝から安全ではない場合が多い上に、除染作業は被曝を伴う。汚染土壌や汚染物質の処理によって放射性物質が希釈され、拡散され、薄められ

るが総量は不変であり、管理がいっそう困難になる。放射性物質も他の有害物質と同様、濃度で規制するのではなく、総量で規制し、閉じ込めるべきである。

4 焼却処理は正しい方針か

従来、ごみ処理は３Ｒが原則としてReduce Reuse Recycleで焼却をなくすことを目指してきた。がれきも現地で分別し、再利用したり、リサイクルに回して減量化の努力が行なわれるのが正しい。ごみは全国規模で混合されるといっそう複雑になり、放射性のごみを取り除くのが困難になる。

現地であれ、広域化してであれ、放射性物質を含むごみの焼却はいっそう危険である。焼却でダイオキシンや重金属の放出が健康によくないとして、世界ではごみの焼却は中止の方向である。日本は特殊で世界の2/3の焼却炉が日本にあるということである。

高温で焼却することにより、セシウムなどの放射性粒子は、一部は気化しフィルターを通り抜け再び大気中へ、残りは灰と混じり濃縮され、汚染が拡散される。これは事故時の被曝を繰り返すことになり「第２のフクシマ」が全国に出現する。東京や山形でがれきの焼却によって大気中の放射性のセシウムなどの濃度が高くなったという情報もある。

5 広域処理は正しいか

震災の被災地を助けるとして、がれきの処理を引き受けるのは全体の利益になるのだろうか。冒頭で示したチェルノブイリの被曝被害の報告では、現在日本人全体の被曝が危険な領域に達している。それ故、関西も含めて被曝の低いところは、そのまま維持確保し、全国に安全な食糧、水と空気を供給する使命がある。ここで永年の公害の経験から得られたごみ処理の原則、公害の原則が大切である。汚染物は閉じ込め隔離し、拡散させてはならないということである。そして危険地帯の被曝量の多いところの人たちが避難して安心して住める土地、田畑を維持確保することが大切である。

6 住民自治に基づく再建計画を

私は被災地のがれきについては、その地の総合的な再建計画を住民が主体

になって作成する中でがれきの再利用、処理を考えるべきだと思う。あくまで資源として放射線の汚染度をきちんと測定しなければならない。廃棄物としては十分な放射線管理は行なわれない恐れが強いと思われる。発生源でその地域の住民が放射性廃棄物の濃度を測定し、分類し、自分たちの地域の再建計画と共にその処理、利用を考えるということである。

II チェルノブイリ原発事故25年の健康被害の実態から学ぶ
―長期低線量内部被曝の脅威―

大和田幸嗣

はじめに

内部被曝とは呼吸や飲食によって身体の内部に取り込まれた放射性物質が細胞や組織に影響を与えることを言う。母乳、尿、ホールボディカウンティング（WBC）による全身検査等から、内部被曝は現在、福島県に留まらず250 km離れた東京を含めた広域に広がっていることがわかる。

政府、厚労省は12月20日、現行の暫定基準値に代わる放射性セシウム（以下Csと略す）の新しい基準値、「一般食品」、「牛乳と乳児用食品」、「飲料水」それぞれに1 kg当たり100ベクレル（Bq）、50Bq、10Bq、主食の「米」は当分現行の500Bq/kgに据え置くとする案を発表した。

この食品安全基準値を守れば「今すぐにではなく」、長期（5、10、30年～）にわたって健康被害が起こらないのか否かを、最近明らかにされたチェルノブイリ原発事故による健康被害の実態〔文献1～4〕に基づいて検討してみたい。

前提となる条件：Csが体内にどれだけ蓄積するとどのような症状が現われてくるのか。その結果を動物実験などで再現できるか。この難問に直接答え、各臓器に取り込まれたCs量と病変との関係を論考したベラルーシ・ゴメリ大学元学長 Y.I. バンダジェフスキーの報告（1）の一部を紹介したい。

1　広範な組織へのCs137の取り込みによる症候群

子どもから大人まで様々な病気で死亡した患者を解剖・検視しCs137を測定した（図1）。各臓器へのCs137の蓄積は一様ではないこと、更に各臓器へのCs137の蓄積量と病態との間に明確な関係があることが明らかとなった。心臓血管系疾患で死亡した患者の心筋の蓄積量は、消化器系疾患死亡患者より確実に高かった。感染症死亡患者の肝臓、胃、小腸、膵臓のCs137蓄積量は、心臓血管系や消化器系疾患死亡患者よりはるかに高かった。Cs137が甲状腺に与える影響は、脳下垂体-甲状腺系の機能の乱れから甲状腺がんの形成に加え、免疫調節系の乱れの疾患と関連する。

2　心電図の異常とCs137体内蓄積量とは相関する

子どもたちの心電図の異常は、Cs137の体内蓄積量が約18Bq/kgのときに約60％、50Bq/kgになると約80％になる。心電図の異常の頻度と体内蓄積量が比例することが明らかになった（図2）。また、ゴメリ医大の18〜20歳の学生でCs137濃度が約26Bq/kgの場合の明白な心電図異常の割合は48.7％だった。

図1　1997年に死亡した大人と子どもの臓器でのセシウム137の蓄積量

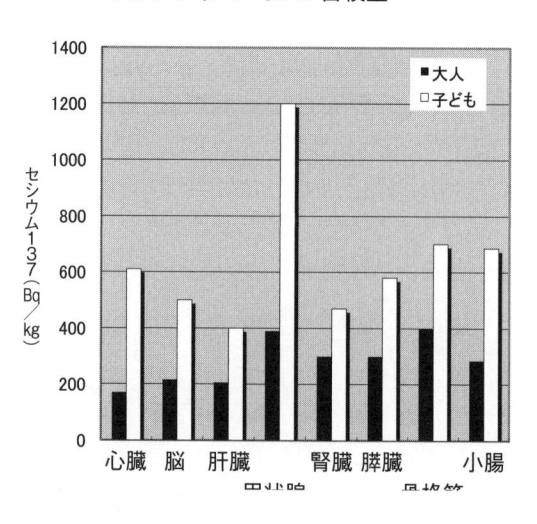

心電図や病理解剖の詳細な解析、Cs137注入ラットやマウスを用いた実験結果とあわせて、心筋損傷の生理機構として酸化還元反応の攪乱による異常、膜破壊やエネルギー供給の低下などを示している。心臓血管系の組織と機能が冒されると脳を初めとしてさまざまな組織の疾病を招く。Cs137の体内蓄積量増

加と子どもの高血圧異常や白内障の増加が比例することも示されている。日本でも南相馬の小中学生に数十Bq/kgのCs137の体内蓄積が見出されていることは重大である。

女性の生殖系や妊娠の進展と胎児のへのCs137の蓄積についても報告する。

図2　ゴメリ地区の子ども（3～7歳）の心電図異常頻度とセシウム137の体内蓄積量との相関関係

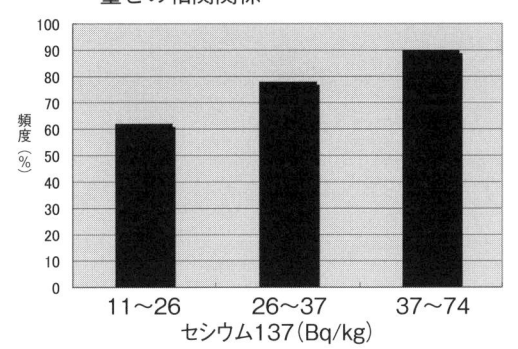

3　更なる汚染、どのレベルの汚染食品なら受け入れられるか

体内蓄積量が20～50Bq/kg以上で約50％（子どもでは60～80％）心電図異常が現われたことをベースにして考えてみる。体重が20kgの子どもではCs137の体内蓄積量が400～1000Bqである。ICRPの被曝線量で言えば約0.01ミリシーベルト（mSv）で「安全な量」である。

2つの専門家の意見がある。低線量被曝の危険性に関する知識はまだ不十分であるから、

1) 被害は分からない→被害は証明されていない→影響はない。
2) 被害はわからない→だから危険なものとして被曝をより少なくしなければならない→さらなる研究を〔文献5〕。

WBCで測れるのはγ線のみで、プルトニウムやウランが出すα線、Cs137、ストロンチウムが出すβ線などは検出されない。

4　内部被曝から身を守るために個人でできること〔文献1、2、6〕

1) 汚染された食品を避ける。
2) 放射性物質の体外排出を助けるリンゴペクチン、味噌、こんにゃく等を良くとる。
3) バランスの良い食事で、抗酸化物質（ビタミンE、A、カロチン）やミネ

ラルを多く含むカボチャ、ニンジン、赤かぶ、果物をとる。
4) 免疫機能を高めるため、身体を暖め体温を36℃以上に保つ。ストレスを和らげポジティブ思考につとめ自律神経のバランスを保つ。

5　内部被曝の拡大と子どもの健康被害を防ぐ為に政府・自治体がとるべき安全対策（提言）
1)　食品の確実な放射線測定と表示の義務化。
2)　放射能基準をもっと厳格にする。乳幼児の感受性が10倍以上高いことを考慮し、kg当たりのベクレルを水は10→1、米は500→5、乳幼児用乳製品は50→1Bq/kg以下にする。
3)　ホールボディカウンターによって、子どもの放射性セシウム濃度を年2回定期的に測定する。20Bq/kg以上の子どもには、尿・血液検査に加えて心電図、血圧、眼動脈流速度（脳血管障害チェック）を測定する。専門医の診断と総合的見地から速やかな予防措置を講ずること。

上記に挙げた対策は、子どもたちと住民自身をも守る為に自治体と地域住民が協力関係を構築し可能な道を探る努力が求められていると考える。

【参考文献】

1　ユーリ・バンダジェフスキー『放射性セシウムが人体に与える医学的生物学的影響：チェルノブイリ原発事故の病理データ』合同出版、2011.12
2　アレキサンドル・ルミャンツェフ『チェルノブイリ事故の小児に対する長期経過の解析』(2011.11.18 千葉市講演 PPT)
3　エフゲーニャ・ステパノワ「チェルノブイリとウクライナの子供たちの健康（25年の観察結果）」(2011.11.11. 福島市講演 PPT)
4　V. Yablokov et al. "Chernobyl: Consequences of the Catastrophe for People and the Environment", Annals of the New York Academy of Sciences, vol. 1181、2009 『チェルノブイリ大惨事、人と環境に与える影響』日本語訳近日刊行予定
5　医療問題研究会編『低線量・内部被曝の危険性―その医学的根拠―』耕文社、2011.11
6　ウラジーミル・バベンコ等『自分と子どもを放射能から守るには』世界文化社、2011.9

原発問題の争点
──内部被曝・地震・東電

2012 年 9 月 20 日　初版第 1 刷発行　　　　　　定価 2800 円 + 税

著　者　大和田幸嗣、橋本真佐男、山田耕作、渡辺悦司 ©
発行者　高須次郎
発行所　緑風出版
　　　　〒113-0033　東京都文京区本郷 2-17-5　ツイン壱岐坂
　　　　［電話］03-3812-9420　［FAX］03-3812-7262　［郵便振替］00100-9-30776
　　　　［E-mail］info@ryokufu.com　［URL］http://www.ryokufu.com/

装　幀　斎藤あかね
制　作　R 企 画　　　　　　　印　刷　シナノ・巣鴨美術印刷
製　本　シナノ　　　　　　　用　紙　大宝紙業・シナノ　　　　　　E1500

〈検印廃止〉乱丁・落丁は送料小社負担でお取り替えします。
本書の無断複写（コピー）は著作権法上の例外を除き禁じられています。なお、複写など著作物の利用などのお問い合わせは日本出版著作権協会（03-3812-9424）までお願いいたします。
Printed in Japan　ISBN978-4-8461-1213-4　C0036

[著者略歴]

大和田幸嗣（おおわだ　こうじ）
　1944年秋田県男鹿市に生まれる。横浜市立大学卒業。大阪大学大学院理学研究科博士課程修了。理学博士。大阪大学微生物病研究所に勤務。西ベルリンのマックス・プランク分子遺伝学研究所に研究留学 (1978～1982)。1989年京都薬科大学生命薬学研究所に移る。2010年に定年退職。専門はがんウイルスと分子細胞生物学。Srcがん蛋白質の機能と細胞周期制御の研究を行なう。

橋本真佐男（はしもと　まさお）
　1940年神戸市に生まれる。大阪大学大学院理学研究科博士課程中退。神戸大学理学部に勤め2004年に定年退職。フンボルト財団研究員としてドイツで研究に従事 (1978～1980年)。理学博士。専門は物理化学。1995年の阪神淡路大震災を神戸で体験して以来、原発の耐震性を追及してきた。

山田耕作（やまだ　こうさく）
　1942年兵庫県小野市に生まれる。大阪大学大学院理学研究科博士課程中退。東京大学物性研究所、静岡大学工業短期大学部、京都大学基礎物理学研究所、京都大学大学院理学研究科に勤め2006年定年退職。理学博士。専門は理論物理学。「電子相関」「凝縮系物理学における場の理論」（いずれも岩波書店）などを著わし、磁性や超伝導に関する理論を専門分野とした。

渡辺悦司（わたなべ　えつし）
　1950年香川県高松市生まれ。大阪市立大学経済学部大学院博士課程単位取得。マルクスの恐慌・危機理論と第二次大戦後の資本主義の経済循環、太平洋戦争下日本の戦時経済動員などを研究。民間企業勤務の後、早期定年退職。政治経済学・経済史学会（旧土地制度史学会）会員。

JPCA 日本出版著作権協会
http://www.e-jpca.com/

＊本書は日本出版著作権協会（JPCA）が委託管理する著作物です。
　本書の無断複写などは著作権法上での例外を除き禁じられています。複写（コピー）・複製、その他著作物の利用については事前に日本出版著作権協会（電話03-3812-9424、e-mail:info@e-jpca.com）の許諾を得てください。

原発閉鎖が子どもを救う
乳歯の放射能汚染とガン
ジョセフ・ジェームズ・マンガーノ著／戸田清、竹野内真理訳

A5判並製
二七六頁
2600円

平時においても原子炉の近くでストロンチウム90のレベルが上昇する時には、数年後には小児ガン発生率が増大すること、ストロンチウム90のレベルが減少するときには小児ガンも減少することを統計的に明らかにした衝撃の書。

放射性廃棄物
原子力の悪夢
ロール・ヌアラ著／及川美枝訳

四六判上製
二三二頁
2300円

過去に放射能に汚染された地域が何千年もの間、汚染されたままであること、使用済み核燃料の「再処理」は事実上存在しないこと、原子力産業は放射能汚染を「浄化」できないのにそれを隠していることを、知っているだろうか？

終りのない惨劇
チェルノブイリの教訓から
ミシェル・フェルネクス／ソランジュ・フェルネクス／リー・バーテル著／竹内雅文訳

四六判上製
二一六頁
2200円

チェルノブイリ原発事故による死者は、すでに数十万人ともいわれるが、公式の死者数を急性被曝などの数十人しか認めない。IAEAやWHOがどのようにして死者数や健康被害を隠蔽しているのかを明らかにし、被害の実像に迫る。

脱原発の市民戦略
真実へのアプローチと身を守る法
上岡直見、岡將男著

四六判上製
二七六頁
2400円

脱原発実現には、原発の危険性を訴えると同時に、原発は電力政策やエネルギー政策の面からも不要という数量的な根拠と、経済的にもむだだということを明らかにすることが大切。具体的かつ説得力のある脱原発の市民戦略を提案する。

世界が見た福島原発災害
海外メディアが報じる真実
大沼安史著

四六判並製
二七六頁
1700円

福島原発災害は、東電、原子力安全・保安院など政府機関、テレビ、新聞による大本営発表、御用学者の楽観論で、真実をかくされ、事実上の報道管制がひかれている。本書は、海外メディアを追い、事故と被曝の全貌と真実に迫る。

脱原発の経済学
熊本一規著

四六判上製
二三二頁
2200円

脱原発すべきか否か。今や人びとにとって差し迫った問題である。原発の電気がいかに高く、いかに地域社会を破壊してきたかを明らかにし、脱原発が必要かつ可能であることを経済学的観点から提言する。

◎緑風出版の本

■ 全国のどの書店でもご購入いただけます。
■ 店頭にない場合は、なるべく書店を通じてご注文ください。
■ 表示価格には消費税が加算されます。

チェルノブイリと福島
河田昌東 著
四六判上製
一六四頁
1600円

チェルノブイリ事故と福島原発災害を比較し、土壌汚染や農作物、飼料、魚介類等の放射能汚染と外部・内部被曝の影響を考える。また放射能汚染下で生きる為の、汚染除去や被曝低減対策など暮らしの中の被曝対策を提言。

放射線規制値のウソ
真実へのアプローチと身を守る法
長山淳哉著
四六判上製
一八〇頁
1700円

福島原発による長期的影響は、致死ガン、その他の疾病、胎内被曝、遺伝子の突然変異など、多岐に及ぶ。本書は、化学的検証の基、国際機関や政府の規制値を十分の一すべきであると説く。環境医学の第一人者による渾身の書。

東電の核惨事
天笠啓祐著
四六判並製
二二四頁
1600円

福島第一原発事故は、起こるべくして起きた人災だ。東電が引き起こしたこの事故の被害と影響は、計り知れなく、東電の幹部らの罪は万死に値する。本書は、内外の原発事故史を総括し、環境から食までの放射能汚染の影響を考える。

がれき処理・除染はこれでよいのか
熊本一規、辻芳徳著
四六判並製
二〇〇頁
1900円

IAEA（国際原子力機関）の安全基準の80倍も甘いデタラメな基準緩和で、放射能汚染を拡散させる広域処理！ 放射性物質は除染によって減少することはない！ がれき利権と除染利権に群がるゼネコンや原発関連業者。問題点を説く。

海の放射能汚染
湯浅一郎著
A5判上製
一九二頁
2600円

福島原発事故による海の放射能汚染を最新のデータで解析、また放射能汚染がいかに生態系と人類を脅かすかを惑星海流と海洋生物の生活史から総括し、明らかにする。海洋環境学の第一人者が自ら調べ上げたデータを基に平易に説く。

核燃料サイクルの黄昏
クリティカル・サイエンス2
緑風出版編集部編

A5判並製
二四四頁
2000円

もんじゅ事故などに見られるように日本の原子力エネルギー政策、核燃料サイクル政策は破綻を迎えている。本書はフランスの高速増殖炉解体、ラ・アーグ再処理工場の汚染など、国際的視野を入れ、現状を批判的に総括したもの。

むだで危険な再処理
プロブレムQ&A
[いまならまだ止められる]
西尾 漠著

A5判並製
一六〇頁
1500円

高速増殖炉開発もプルサーマル計画も頓挫し、世界的にみても危険でコストのかさむ再処理はせず、そのまま廃棄物とする直接処分が主流になっているのに、「再処理」をなぜ強行しようとするのか。本書は再処理問題をQ&Aでやさしく解説。

どうする？ 放射能ごみ
プロブレムQ&A
[実は暮らしに直結する恐怖]
西尾 漠著

A5判並製
一六八頁
1600円

原発から排出される放射能ごみ＝放射性廃棄物の処理は大変だ。再処理をするにしろ、直接埋設するにしろ、あまりに危険で管理は半永久的だからだ。トイレのないマンションといわれた原発のツケを子孫に残さないためにはどうすべきか。

なぜ脱原発なのか？
プロブレムQ&A
[放射能のごみから非浪費型社会まで]
西尾 漠著

A5判並製
一七六頁
1700円

暮らしの中にある原子力発電所、その電気を使っている私たち……。原発は廃止しなければならないか、増え続ける放射能のごみはどうすればいいか、原発を廃止しても電力の供給は大丈夫か――暮らしと地球の未来のために改めて考えよう。

低線量内部被曝の脅威
[原子炉周辺の健康破壊と疫学的立証の記録]
ジェイ・M・グールド著／肥田舜太郎他訳

A5判上製
三八八頁
5200円

本書は、一九五〇年以来の公式資料を使って、全米三〇〇よの郡の内、核施設に近い約一三〇〇郡に住む女性の乳癌リスクが極めて高いことを立証して、レイチェル・カーソンの予見を裏付ける。福島原発災害との関連からも重要な書。

核燃料サイクルの黄昏
クリティカル・サイエンス2
緑風出版編集部編

A5判並製
二四四頁
2000円

もんじゅ事故などに見られるように日本の原子力エネルギー政策、核燃料サイクル政策は破綻を迎えている。本書はフランスの高速増殖炉解体、ラ・アーグ再処理工場の汚染など、国際的視野を入れ、現状を批判的に総括したもの。